S. V. K. V. Prasad Mandadapu

Um estudo de caso sobre a avaliação e cartografia da qualidade das águas subterrâneas utilizando a IG

S. V. K. V. Prasad Mandadapu

Um estudo de caso sobre a avaliação e cartografia da qualidade das águas subterrâneas utilizando a IG

Imprint

Any brand names and product names mentioned in this book are subject to trademark, brand or patent protection and are trademarks or registered trademarks of their respective holders. The use of brand names, product names, common names, trade names, product descriptions etc. even without a particular marking in this work is in no way to be construed to mean that such names may be regarded as unrestricted in respect of trademark and brand protection legislation and could thus be used by anyone.

Cover image: www.ingimage.com

This book is a translation from the original published under ISBN 978-620-2-07712-5.

Publisher:
Sciencia Scripts
is a trademark of
Dodo Books Indian Ocean Ltd. and OmniScriptum S.R.L publishing group

120 High Road, East Finchley, London, N2 9ED, United Kingdom
Str. Armeneasca 28/1, office 1, Chisinau MD-2012, Republic of Moldova, Europe
Printed at: see last page
ISBN: 978-620-7-94593-1

TO

MEU

MÃE E PAI

Índice

Agradecimentos

Os meus sinceros agradecimentos ao **Dr. S. Ramesh Babu,** Secretário e Correspondente da Faculdade de Engenharia e Tecnologia de Swarnandhra, ao **Dr. M. Sreenivasa Kumar,** Diretor da Faculdade de Engenharia e Tecnologia de Swarnandhra e ao **Dr. K. Balaji Reddy, da** Faculdade de Engenharia e Tecnologia de Swarnandhra, Narsapur, West Godavari (Dist.), Andhra Pradesh, Índia. Gostaria de apresentar os meus sinceros agradecimentos ao **Dr. T. Madhu,** Diretor do Swarnandhra Institute of Engineering &Technology, Narsapur, West Godavari (Dist.), Andhra Pradesh, Índia, por me ter encorajado e apoiado durante a redação deste livro.

Expresso a minha mais profunda gratidão ao **Dr. P.V.V.Prasadarao**, Professor, Departamento de Ciências Ambientais, Universidade de Andhra, Visakhapatnam, Andhra Pradesh, Índia, pela sua valiosa orientação e pelo seu constante encorajamento ao longo de todo o processo de redação deste trabalho. Estou-lhe grato.

Não há palavras para exprimir a minha gratidão aos meus pais, **M. GANAPATHI** e M. LAKSHMI ALIVELLU MANGATHAYARU, pelo seu apoio constante ao longo da minha vida.

Por último, mas não menos importante, gostaria de agradecer à minha mulher **G.SWATHI SAVARNICA** pelas suas constantes palavras de encorajamento, à minha sogra **J.GAYATHRI DEVI e** ao meu sogro Late G.ANAND PRASAD por serem a minha força e o meu pilar de apoio.

Dr. M.S.V.K.V.PRASAD

Prefácio

Durante as últimas décadas, a qualidade das águas subterrâneas emergiu como uma das questões ambientais mais importantes e mais problemáticas, especialmente na Índia. Dado que os recursos hídricos superficiais estão a tornar-se escassos, a pressão sobre as águas subterrâneas está a aumentar para satisfazer as necessidades crescentes de água. A atenção à qualidade da água e à sua gestão tornou-se a necessidade do momento devido aos seus impactos de longo alcance na saúde humana. A gestão da água é uma área diversificada com ligações a diferentes sectores, incluindo o agrícola, o industrial, o doméstico/doméstico, o da energia, o do ambiente, o das pescas e o dos transportes. Há várias questões fundamentais relacionadas com a conservação dos recursos hídricos subterrâneos em vias de esgotamento, como a conservação dos solos, o controlo das inundações e programas de sensibilização, etc. O futuro da qualidade da água a nível local, regional e global depende do investimento dos indivíduos, das comunidades e dos governos a todos os níveis políticos para garantir que os recursos hídricos sejam protegidos e geridos de forma sustentável. Isto inclui não só soluções tecnológicas para os problemas de qualidade da água, mas também mudanças no comportamento humano através da educação e do desenvolvimento de capacidades para conservar os recursos aquáticos.

O presente trabalho foi efectuado em seis mandals: Narsapur, Mogalthur, Pallakollu, Poduru, Achanta, Yelamanchili do distrito de West Godavari, Andhra Pradesh, Índia. Utilizando o ArcGis 10.2.2, a distribuição espacial dos principais parâmetros físico-químicos das amostras de águas subterrâneas é traçada, para além do índice de qualidade da água e dos parâmetros de aptidão para a irrigação. Sucintamente, o resultado do estudo mostra que, à exceção de alguns parâmetros como os sólidos dissolvidos totais, a condutividade eléctrica, a dureza total, o cloreto e o ferro, os restantes parâmetros estão dentro dos níveis admissíveis propostos pela norma IS 10500. Os resultados indicam que o índice de qualidade da água variou de um mínimo de 24 (Siddhantam) a um valor máximo de 247 (Gadiparru) na área de estudo. O excesso de sais e as concentrações de sódio, tal como indicado pela elevada condutividade eléctrica (CE), pelo rácio de adsorção de sódio (SAR) e pelo carbonato de sódio residual (RSC), influenciaram a qualidade das águas subterrâneas. Os dados espaciais indicam que 82% das amostras de água são boas para irrigação, enquanto as restantes são duvidosas.

Os valores do índice de qualidade da água das amostras de águas subterrâneas analisadas durante as estações pré e pós-monção mostram que existe uma mudança drástica nos valores do índice de qualidade da água, o que é muito significativo no que diz respeito à potabilidade e à qualidade das águas subterrâneas. Como este ano (2016-17) a precipitação é muito baixa do que a média, os parâmetros de qualidade das águas subterrâneas mostram uma mudança notável e a poluição da água está a tornar-se um grande problema na área de estudo. Os poluentes mais significativos presentes na área de estudo são os nitratos e os sólidos totais dissolvidos. De acordo com a classificação do Instituto Central de Investigação da Salinidade do Solo, não há problema durante a pré-monção para a água de irrigação, mas durante a pós-monção, como o lençol freático diminui rapidamente, pode haver inserção de água do mar nos aquíferos, o que torna a água mais salina e não adequada para a irrigação. Com base nos resultados obtidos nas presentes investigações e na análise crítica dos dados, são propostas as seguintes recomendações para promover a sustentabilidade das águas subterrâneas na área de estudo:

> A defecação ao ar livre deve ser evitada.

> Devem ser implementadas boas práticas de saneamento perto dos recursos hídricos subterrâneos.

> Deve ser efectuada uma avaliação bioquímica e microbiológica regular das águas subterrâneas, de modo a proteger a saúde pública de surtos de doenças transmitidas pela água.

> As pessoas devem ser educadas para tomarem as precauções necessárias para controlar a contaminação das águas subterrâneas e dos recursos hídricos dos poços.

> Os arredores das fontes de água devem ser mantidos limpos para evitar qualquer contaminação por infiltrações.

> Os canais de drenagem e as fossas sépticas devem ser colocados longe dos recursos hídricos e devem ser revestidos de betão para evitar qualquer infiltração nos recursos hídricos. No caso de os poços de água estarem próximos dos canais de drenagem e das fossas sépticas, devem ser tomadas precauções adequadas para evitar a contaminação.

Lista de símbolos / unidades

meq/L	:Milli Equitant Per Liter
mg/l	;Milli grams Per Liter
µs/cm	:Micro-Siemens Per Centimeter
e.p.m.	: Equivalent per million

Acrónimos / Abreviaturas

A.P	: Andhra Pradesh
APHA	: American Public Health Association
BIS	: Bureau of Indian Standards
CSSRI	: Central Soil Salinity Research Institute
EC	: Electrical Conductivity
EDTA	: Ethylenediaminetetraacetic Acid
IDW	: Inverse distance weightage
IS	: Indian Standards
NTU	: Nephelometric Turbidity Unit
RSC	: Residual Sodium Carbonate
SAR	: Sodium Adsorption Ratio
TDS	: Total Dissolved Solids
TH	: Total Hardness
UN	: United Nations
WHO	: World Health Organization
WQI	: Water Quality Index

Capítulo 1. Introdução

1.1 Geral

A água, o *"Elixir*da vida"*, cobre três quartos da superfície da Terra (mais de 70% da superfície da Terra está coberta de água), mas a maior parte é constituída por água oceânica. A imagem seguinte (Figura 1.1) mostra a distribuição da água na Terra.

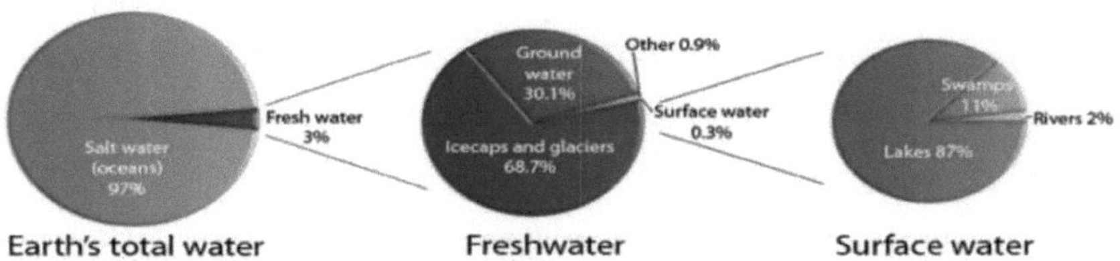

Figura 1.1: Distribuição da água na Terra

A distribuição do total de água na Terra é a seguinte: Oceanos -97,2%, calotas polares - 2%, águas subterrâneas - 0,62%, lagos de água doce - 0,009%, lagos de água salgada - 0,8%, água atmosférica - 0,001% e rios - 0,0001%. A água é o solvente universal necessário para a sobrevivência e o sustento da vida nesta biosfera. A água potável de boa qualidade é de importância básica para a fisiologia humana e a existência do homem depende muito da disponibilidade de água de boa qualidade. Grandes civilizações desenvolveram-se em torno dos recursos hídricos e desapareceram quando surgiram crises de água. Devido à imensa importância da água, a Assembleia Geral das Nações Unidas, em 28th de julho de 2010, através de uma resolução 64/292, reconheceu explicitamente o direito humano à água e ao saneamento e reconheceu que a água potável e o saneamento são essenciais para a realização de todos os direitos humanos. As Nações Unidas também designaram o dia 22 de março de[nd] cada ano como o "Dia Mundial da Água" e declararam o período entre 2005 e 2015 como uma década internacional de ação para a utilização adequada da água como "Água para a vida".

Sendo um recurso natural renovável, as águas subterrâneas desempenham um papel importante na gestão da água em todo o mundo. Num país vasto como a Índia, os recursos hídricos subterrâneos estão a ser aproveitados em grande escala para fins de consumo, irrigação e industriais. As águas subterrâneas têm geralmente origem em pequenos aquíferos que estão presentes em quase todo o lado sob a superfície terrestre. Em caso de contaminação, as águas subterrâneas podem ser facilmente poluídas e o efeito da seca desempenha um papel importante na poluição dos recursos hídricos subterrâneos. Na Índia, o regime das águas subterrâneas está a enfrentar uma enorme pressão, tanto quantitativa como qualitativa, para a sua utilização. A água subterrânea contém constituintes naturais e químicos em solução, pelo que o ambiente geoquímico, o movimento e a origem da água subterrânea determinam o tipo e a quantidade de constituintes nela contidos. Em termos qualitativos, considerou-se que a água subterrânea é muito segura no domínio geológico subterrâneo até há pouco tempo. No entanto, devido a grandes alterações no padrão de utilização dos solos e a um vasto aumento das quantidades e tipos de efluentes industriais, agrícolas e domésticos e de lixiviados de aterros sanitários que entram no ciclo hidrológico, a pressão sobre a qualidade das águas subterrâneas aumentou muitas vezes. A prevalência de uma elevada contaminação por fluoretos, poluição por arsénico, poluição por nitratos, elevada salinidade, enriquecimento em metais pesados e poluição orgânica em muitas bacias de águas subterrâneas a nível mundial, regional e nacional é motivo de grande preocupação.

1.2 Origem das águas subterrâneas

As massas de água superficiais, os canais e os campos irrigados actuam como fontes de água da chuva, que são responsáveis pela recarga das águas subterrâneas. A neve ou a chuva são responsáveis pela precipitação, que é a principal causa da origem das águas subterrâneas como água meteórica. Na ausência de escoamento superficial ou evaporação, a água chega ao solo a partir destas fontes. Na faixa de mistura do solo, a água da precipitação começa por ser retida como uma película na superfície e alguma quantidade nos microporos das partículas secas do solo. A este nível, a película cobre as partículas sólidas, mas ainda resta alguma quantidade de ar nos espaços vazios do solo. Esta zona da textura do solo é conhecida como 'zona de arejamento ou zona não saturada' e a água como água vadosa. Abaixo desta profundidade, se a água estiver presente em quantidade suficiente, todos os vazios do solo ficam saturados e esta zona é conhecida como "zona saturada". O nível superior da zona saturada é designado por lençol freático e a água por 'água subterrânea'. O tipo de aquífero, a circulação da água subterrânea, depende da porosidade e da estrutura das camadas do solo. Os aquíferos são essencialmente de dois tipos: confinados e não confinados. O aquífero confinado é coberto por uma camada impermeável que o impede de ser recarregado (ou contaminado) pelas águas superficiais ou pela chuva. A recarga do aquífero confinado ocorre devido à presença de afloramentos de rochas permeáveis perto ou à superfície. Enquanto o aquífero não confinado é coberto por uma camada permeável e não saturada que permite que a água da superfície se infiltre no lençol freático. Por conseguinte, os aquíferos não confinados são mais susceptíveis de serem poluídos em comparação com os aquíferos confinados pela recarga exterior.

1.2.1 Ciclo Hidrológico

As várias fontes de água da Terra abastecem-se de água a partir da precipitação, enquanto a precipitação propriamente dita resulta da evaporação dessas fontes. A água perde-se na atmosfera sob a forma de vapor da terra, que é depois precipitado sob a forma de chuva, neve, granizo, orvalho, granizo ou geada. A precipitação e a evaporação ocorrem de forma contínua, mantendo-se assim um equilíbrio entre ambas. Este processo é conhecido como ciclo hidrológico e está representado na Figura 1.2.

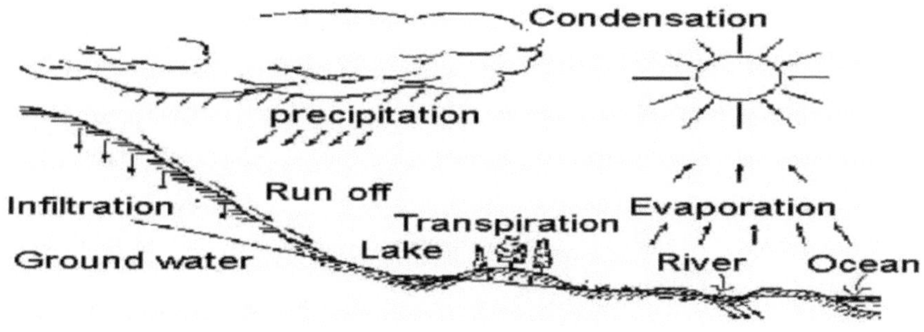

Figura 1.2: O ciclo hidrológico

As fontes importantes de água subterrânea são: a) poços, b) nascentes e c) galerias de infiltração.

Poços:

Os poços são classificados como superficiais e profundos. Um poço raso capta a água da área acima da primeira camada impermeável. Os poços profundos captam a água da área abaixo da primeira camada impermeável. O rendimento dos poços profundos é normalmente constante e em quantidade considerável, enquanto os poços pouco profundos secam normalmente no verão.

Molas:

Uma nascente é qualquer situação natural em que a água flui de um aquífero para a superfície da terra. Classifica-se em três categorias, que são

a) Nascente de infiltração ou de filtração: O termo "infiltração" refere-se a nascentes com pequenos caudais em que a água da fonte se filtrou em terra permeável.

b) Fontes de fratura: Descarga de falhas, juntas ou fissuras na terra, nas quais as nascentes seguiram um curso natural de vazios ou fraquezas no leito rochoso.

c) Nascentes tubulares: São basicamente sistemas de cavernas subterrâneas formadas por água subterrânea.

Galerias de infiltração:

Uma galeria de infiltração é um dreno horizontal feito de tubos perfurados ou de juntas abertas, ou um dreno de blocos, que é colocado abaixo do lençol freático e recolhe as águas subterrâneas. Uma galeria de infiltração necessita de solos permeáveis para permitir a recolha de água suficiente. As galerias de infiltração podem ser utilizadas para recolher o caudal sub-superficial dos rios.

1.3 Poluição da água

"A água é a criação de Deus e a poluição é a contribuição do homem"

- Mahatma Gandhi

A água é um dos cinco elementos descritos no "shastra" para a vida e é um dos bens mais importantes que o homem explorou do que qualquer outro recurso para o sustento da vida. A poluição é a alteração da qualidade física, química ou biológica do recurso (ar, terra, água) causada pelo homem ou devido a actividades antropogénicas que são prejudiciais para as utilizações existentes, pretendidas ou potenciais dos recursos. A qualidade da água depende da localização e do estado de proteção ambiental de uma determinada área.

A poluição resulta na perda de qualidade da água devido a: (i) contaminação, (ii) adição de resíduos sólidos, líquidos ou gasosos, (iii) adição de agentes físicos, químicos ou biológicos e (iv) adição de esgotos ou efluentes industriais.

Como resultado das actividades acima referidas, a água torna-se frequentemente imprópria para diferentes utilizações, tais como beber, fins domésticos, irrigação e utilizações industriais. As massas de água superficiais são geralmente poluídas através do escoamento superficial que transporta consigo algumas impurezas orgânicas, inorgânicas e biológicas, tanto em suspensão como dissolvidas. As águas de superfície também podem ser poluídas pela descarga de esgotos ou de efluentes industriais. O escoamento agrícola polui as massas de água de superfície através da adição de nutrientes, pesticidas e salinidade.

A maior parte da poluição tem origem na eliminação de águas residuais após a utilização da água para uma grande variedade de fins. Um grande número de fontes e causas pode alterar a qualidade das águas subterrâneas, desde as fossas sépticas à agricultura de regadio, passando pelos resíduos domésticos e industriais.

As principais fontes de poluição das águas subterrâneas são classificadas em quatro categorias: (a) Municipal, (b) Industrial, (c) Agrícola e (d) Diversas.

a) Fontes e causas municipais

Fuga de esgotos: As fugas de esgotos podem introduzir nas águas subterrâneas elevadas concentrações de carência bioquímica de oxigénio (CBO), carência química de oxigénio (CQO), nitratos, substâncias químicas orgânicas e possivelmente bactérias. Os esgotos localizados em zonas industriais contribuem para a poluição através de metais pesados como o As, Cd, Cr, Co, Cu, Fe e Pb.

b) Fontes e causas industriais

Resíduos líquidos: A poluição das águas subterrâneas pode ocorrer quando as águas residuais industriais são descarregadas no ambiente, especialmente em poços, lagos ou lagoas, sem tratamento adequado. As águas residuais percolam através das camadas subsuperficiais do solo e poluem o lençol freático ou os aquíferos.

Fugas em tanques e tubagens: O armazenamento subterrâneo e a transmissão de uma grande variedade de combustíveis e produtos químicos são práticas comuns em instalações industriais e comerciais. Estes tanques e tubagens são susceptíveis de falhas estruturais que conduzem a fugas subsequentes que se tornam uma fonte de poluição das águas subterrâneas.

Actividades mineiras: As minas podem produzir uma variedade de problemas de poluição das águas subterrâneas. A poluição depende do material que está a ser extraído e do processo de extração. As minas de carvão, fosfato e urânio são as que mais contribuem para a poluição. Os minérios metálicos para a produção de ferro, cobre, zinco e chumbo são também muito importantes.

Salmouras de campos petrolíferos: A produção de petróleo e gás é normalmente acompanhada por descargas substanciais de águas residuais sob a forma de salmoura. Os constituintes da salmoura incluem Na, Ca, NH_4, B, Cl, So4 e metais vestigiais e sólidos totais dissolvidos elevados.

c) Fontes e causas agrícolas

Fluxo de retorno da irrigação: Aproximadamente metade a dois terços da água utilizada na irrigação das culturas é consumida por evaporação, transpiração e o restante fluxo de retorno da irrigação é drenado para canais de superfície ou junta-se às águas subterrâneas subjacentes.

Fertilizantes e corretivos do solo: Quando os fertilizantes são aplicados em terras agrícolas, uma parte deles é normalmente lixiviada para a subsuperfície do solo, atingindo o lençol freático. Os corretivos do solo são aplicados em terras irrigadas para alterar as propriedades físicas ou químicas do solo. A cal, o gesso e o enxofre são amplamente utilizados para este fim. Quantidades substanciais destes corretivos do solo podem eventualmente lixiviar para as águas subterrâneas, aumentando assim a sua salinidade.

Pesticidas: Os pesticidas são um importante fator de produção agrícola que, após a sua utilização prevista, acaba por chegar às águas subterrâneas como fonte difusa. A presença destes materiais nas águas subterrâneas, mesmo em concentrações mínimas, pode ter consequências graves em relação à potabilidade da água e à saúde pública.

d) Fontes e causas diversas

Intrusão de água salgada: A salinidade é o poluente mais comum nas águas subterrâneas perto das zonas costeiras. A intrusão de águas salinas ocorre quando estas se deslocam ou se misturam com a água doce nos aquíferos. O fenómeno pode ocorrer em aquíferos profundos com o avanço ascendente de águas salinas de origem geológica, no caso de aquíferos pouco profundos o mesmo pode ocorrer a partir de descargas de águas superficiais, enquanto nos aquíferos costeiros o processo se dá através de uma invasão de água do mar.

Fossas sépticas e fossas: A fonte potencial de poluição das águas subterrâneas mais numerosa e amplamente distribuída são as fossas sépticas e as fossas. Os esgotos domésticos adicionam minerais às águas subterrâneas. As bactérias e os vírus são normalmente removidos pelo sistema do solo. O fósforo é geralmente retido pelo solo, mas quantidades significativas de azoto podem ser adicionadas às águas subterrâneas.

Derrames e descargas à superfície: Os líquidos descarregados na superfície do solo de forma descontrolada podem migrar para baixo e degradar a qualidade das águas subterrâneas. Nas instalações industriais, as actividades ocasionais podem incluir perdas durante a transferência de líquidos, fugas de tubagens e válvulas e um controlo inadequado dos resíduos e do escoamento pluvial.

1.4 Área

A zona de estudo é constituída pela parte sul do distrito de Godavari Ocidental, no estado indiano de Andhra Pradesh, nomeadamente os mandatos de Narsapur, Mogalthur, Palakollu, Poduru, Achanta e Yelamanchili. Estes seis mandatos do distrito têm como limites o rio Godavari e a baía de Bengala. A área abrangida por este inquérito é de cerca de 645,55 quilómetros quadrados, situados entre 81°25' e 81°53' de longitude leste e 16°18' e 16°42' de latitude norte.

Achanta mandal consiste em 80 aldeias e 12 Panchayats. "Kandaravalli" é a aldeia mais pequena e "Achanta" é a maior. Situa-se a 14 m de altitude. Este local situa-se na fronteira entre o distrito de West Godavari e o distrito de East Godavari. Achanta Mandal é delimitada por P.Gannavaram Mandal a leste, Penugonda Mandal a norte, Poduru Mandal a oeste e Elamanchili Mandal a sul.

Poduru é constituída por 78 aldeias e 16 Panchayats. 'Miniminchilipadu' é a aldeia mais pequena e 'Poduru' é a maior aldeia. Situa-se a 14 m de altitude. Poduru mandal é delimitada por Palacole Mandal a oeste, Elamanchili Mandal a sul, Achanta Mandal a leste e Penugonda Mandal a norte.

Palakollu mandal consiste em 71 aldeias e 41 Panchayats. "Chandaparru" é a aldeia mais pequena e "Lankalakoderu" é a maior aldeia. Palackollu Mandal é delimitada por Elamanchili Mandal a leste, Poduru Mandal a norte, Narsapur Mandal a sul e Veeravasaram Mandal a oeste.

O mandal de Narsapur é constituído por 91 aldeias e 32 panchayats. "Chinamamidipalle" é a aldeia mais pequena e "Lakshmaneswaram" é a maior aldeia. O mandal de Narsapur é delimitado pelos seguintes locais. Leste - Elamanchili mandal, Oeste - Mogalthur mandal, Norte - Palakollu mandal, Sul - Sakhinetipalle mandal (rio Godavari).

O mandal de Mogalthur é composto por 82 aldeias e 17 Panchayats, sendo "Seripalem" a aldeia mais pequena e "Mogalthur" a maior. Situa-se a uma altitude de 15 m acima do nível do mar. O mandal de Mogalthur é delimitado pelas seguintes localidades. Este -Narsapur mandal, Oeste - Upputaru (distrito de Krishna), Norte -Veeravasaram mandal, Sul - Baía de Bengala.

Yelamanchili é constituída por 71 aldeias e 32 Panchayats. "Utada" é a aldeia mais pequena e "Doddipatla" é a maior. Situa-se a 14 m de altitude. Este local situa-se na fronteira entre o distrito de West Godavari e o distrito de East Godavari. Yelamanchili mandal é delimitada por Poduru Mandal a norte, Razole Mandal a leste, Palacole Mandal a oeste, Malikipuram Mandal a sul.

1.5 Objetivo do estudo e definição do problema

O objetivo geral do estudo é investigar o estado das águas subterrâneas na área de estudo e avaliar diferentes parâmetros de qualidade da água utilizando ArcGis, desenhando diagramas de distribuição espacial, até que ponto ocorreu a contaminação das águas subterrâneas e as principais razões para a poluição da água, quais são as precauções a tomar para não causar mais danos e também para investigar a adequação da água para irrigação.

1.5.1 Objectivos do estudo

1. Avaliar a qualidade das águas subterrâneas da presente área de estudo nas estações pré e pós-monção com referência aos parâmetros de qualidade da água: pH, Cálcio, Cloretos, Fluoretos, Dureza Total, Magnésio, Nitratos e Sólidos Totais Dissolvidos e também preparar mapas de distribuição espacial.

2. Estudar a variação da qualidade da água na área de estudo nas estações pré e pós-monção através da análise ArcGIS.

3. Estudar a adequação das águas subterrâneas para consumo através da avaliação do índice de qualidade da água (IQA) pelo método do índice aritmético ponderado.

4. Classificar e avaliar a adequação das águas subterrâneas na área de estudo para irrigação, de acordo com os critérios sugeridos pelo Central Soil Salinity Research Institute (CSSRI), Índia.

5. Para gerar mapas temáticos utilizando a versão 10.2.2 do ArcGIS para

a) Parâmetro de qualidade da água b) Índice de qualidade da água c) Aptidão para a irrigação

1.5.2 Definição do problema

A Organização Mundial de Saúde apercebeu-se e confirmou que a maioria das doenças humanas no mundo em desenvolvimento está relacionada com a água e identificou a qualidade da água como muito importante. Há já algum tempo que têm sido comunicados vários problemas de qualidade da água em várias partes do mundo, bem como na Índia. Além disso, devido à baixa velocidade, pode ser necessário um tempo considerável para que a contaminação se afaste da fonte de poluição e a degradação da qualidade das águas subterrâneas pode permanecer sem ser detectada durante anos. Uma vez contaminada a água subterrânea, a sua qualidade não pode ser recuperada facilmente. Assim, a avaliação da qualidade da água de abastecimento de água potável tem sido sempre uma área importante para iniciar estratégias de mitigação/redução da poluição. A qualidade das águas subterrâneas da atual área de estudo tem um significado especial e necessita de maior atenção, uma vez que é a principal fonte de água potável, doméstica e para fins agrícolas. Na presente área de estudo, as águas subterrâneas estão a ser exploradas para irrigação, aquacultura e usos industriais, para além dos fins domésticos. No entanto, apesar de uma utilização tão vasta, há falta de informação sobre o impacto das utilizações acima mencionadas na qualidade das águas subterrâneas e na sua aptidão para a irrigação. Assim, a hipótese principal deste estudo centra-se na avaliação da qualidade e na sua adequação para fins de consumo e irrigação na parte sul do distrito de West Godavari, Andhra Pradesh, Índia.

Capítulo 2. Metodologia e dados

2.1 Amostragem de água

Foram recolhidas amostras de água subterrânea na área de estudo. As amostras de água subterrânea foram recolhidas em poços abertos e em poços perfurados. Foram recolhidas 77 amostras de água subterrânea na pré-monção e na pós-monção. As amostras de água pós-monção foram recolhidas durante setembro-outubro de 2016 e as amostras de água pré-monção foram recolhidas durante março-abril de 2017. As amostras assim recolhidas foram analisadas para diferentes parâmetros. O mapa de localização da área de estudo é apresentado na Figura 3.1 e o mapa de base pormenorizado da área de estudo é apresentado na Figura 3.2.

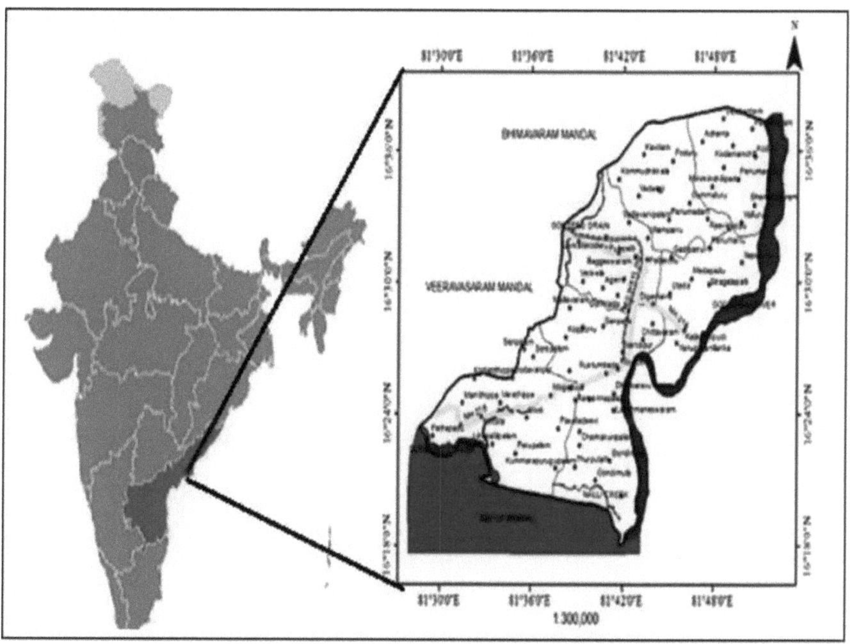

Figura 3.1: Mapa de localização da área de estudo

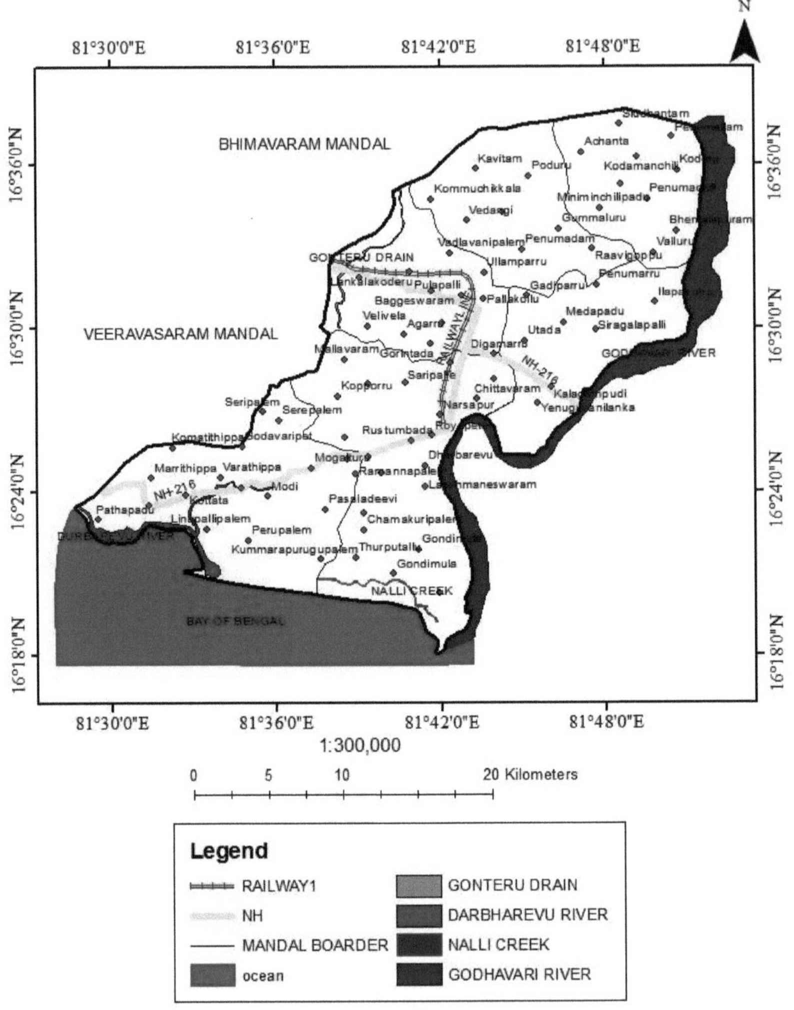

Figura 3.2: Mapa de base da zona de estudo

As amostras de água subterrânea na área de estudo foram recolhidas nas primeiras horas do dia. Na área de estudo, foi efectuado um levantamento por aldeia e foram identificados um ou dois poços perfurados e um ou dois poços abertos para recolher amostras de água. As amostras de água foram recolhidas apenas nas estações de amostragem identificadas. As amostras foram recolhidas em frascos de polietileno esterilizados e bem tapados, etiquetados com o código da amostra e transportados para o laboratório no prazo de duas horas; as amostras foram processadas e analisadas de acordo com a metodologia normalizada. Por cada 100 ml de amostra foi adicionado 1 ml de ácido sulfúrico (HNO_3) para preservar as amostras de água. As amostras de água de superfície foram

16

recolhidas de uma secção bem misturada da água abaixo da superfície, utilizando uma garrafa com peso. As amostras de água subterrânea dos poços tubulares/poços perfurados foram recolhidas depois de o poço ter sido aberto durante cerca de 5 minutos.

Quadro 2.1: Lista dos locais de amostragem de água com Longitude E e Latitude N

S.NO.	NOME DA ESTAÇÃO DE AMOSTRAGEM	Identidade da amostra de água	LONGITUDE E^0	LATITUDE N^0
1	Perupalem	W1	81.583069	16.369969
2	Poduru	W2	81.753742	16.592502
3	Gondimula	W3	81.685751	16.364332
4	Dharbarevu	W4	81.689681	16.415653
5	Thurputallu	W5	81.647921	16.359441
6	Vemuladeevi	W6	81.698684	16.338067
7	Nallipeta	W7	81.643295	16.419724
8	Lakshmaneswaram	W8	81.689873	16.402783
9	Linganaboinacherla	W9	81.652822	16.386621
10	Yenuguvanilanka	W10	81.758679	16.454023
11	Saripalle	W11	81.677792	16.466322
12	Pasaladeevi	W12	81.630177	16.388949
13	Chamakuripalem	W13	81.653029	16.376556
14	Chittavaram	W14	81.732206	16.468626
15	Narsapur	W15	81.699142	16.446622
16	Rustumbada	W16	81.681654	16.430899
17	Royapeta	W17	81.693907	16.434171
18	Mallavaram	W18	81.641991	16.480339
19	Likhithapudi	W19	81.655561	16.465585
20	Kopporru	W20	81.637859	16.458271
21	Siragalapalli	W21	81.793739	16.498809
22	Modi	W22	81.594998	16.397135
23	Marrithippa	W23	81.524391	16.408258
24	Mutyalapalli	W24	81.578808	16.402536
25	Kottata	W25	81.545645	16.398185
26	Kalipatnam	W26	81.523082	16.391399
27	Medapadu	W27	81.774518	16.502931
28	Mogalturu	W28	81.621416	16.414417
29	Seripalem	W29	81.592211	16.448811

30	Ramannapalem	W30	81.648029	16.410521
31	Serepalem	W31	81.601918	16.443479
32	Seetharamapuram Sul	W32	81.655605	16.420881
33	Seetharamapuram Norte	W33	81.641866	16.432909
34	Yeramsettypalam	W34	81.663588	16.411167
35	Varathippa	W35	81.566047	16.408565
36	Komatithippa	W36	81.537765	16.426906
37	Kummarapurugupalem	W37	81.627152	16.358671
38	Navarasapuram	W38	81.721262	16.456508
39	Pathapadu	W39	81.491454	16.383005
40	Agarru	W40	81.677467	16.495672
41	Gorintada	W41	81.693521	16.490298
42	Baggeswaram	W42	81.694041	16.522372
43	Chandaparru	W43	81.700385	16.502727
44	Gadiparru	W44	81.751893	16.519391
45	Achanta	W45	81.786038	16.607079
46	Digamarru	W46	81.731973	16.483601
47	Lankalakoderu	W47	81.680847	16.534112
48	Pallakollu	W48	81.725342	16.517455
49	Pulapalli	W49	81.712335	16.519432
50	Sagamcheruvu	W50	81.705526	16.478527
51	Sivadevunichikkala	W51	81.650768	16.530399
52	Ullamparru	W52	81.726051	16.533399
53	Vadlavanipalem	W53	81.705184	16.545356
54	Velivela	W54	81.655561	16.500642
55	Kodamanchili	W55	81.819318	16.603931
56	Valluru	W56	81.829305	16.545734
57	Vedangi	W57	81.715626	16.565402
58	Kalagampudi	W58	81.766561	16.464001
59	Pedamallam	W59	81.839991	16.616815
60	Kavitam	W60	81.721262	16.596783
61	Kommuchikkala	W61	81.693893	16.578153
62	Bolletigunta	W62	81.737728	16.570572
63	Penumadam	W63	81.749698	16.547583
64	Koderu	W64	81.843559	16.596002

65	Penumachili	W65	81.825278	16.578451
66	Vennapuvaripalem	W66	81.809632	16.587316
67	Gummaluru	W67	81.771461	16.559938
68	Penumarru	W68	81.794528	16.525992
69	Miniminchilipadu	W69	81.797003	16.572923
70	Raavigoppu	W70	81.792119	16.548362
71	Siddhantam	W71	81.809042	16.624004
72	Ilapakurru	W72	81.829627	16.515202
73	Utada	W73	81.751081	16.491635
74	Gondimula	W74	81.67011	16.349647
75	Godavaripet	W75	81.579731	16.427462
76	Linupallipalem	W76	81.557908	16.377339
77	Bhemalapuram	W77	81.843263	16.558986

A temperatura das amostras de água subterrânea foi registada no local utilizando um termómetro de mercúrio sensível e o pH foi medido in-situ utilizando um medidor de pH portátil. As amostras de água foram recolhidas em garrafas de vidro com rolha, com o cuidado de evitar o contacto da amostra com o ar. As garrafas foram completamente cheias de água. O pH, a condutividade eléctrica, a alcalinidade, o TDS, a turvação, os cloretos, a dureza total, o cálcio, os sulfatos, os fosfatos, o ferro, o fluoreto, o sódio, o potássio, o magnésio e os nitratos foram analisados em laboratório utilizando métodos normalizados.

Tabela 2.2: Métodos analíticos e equipamento utilizados no presente estudo

S.N.	Parâmetro	Método	Instrumento/Equipamento/Modelo
1	pH	Eletrométrico	Medidor de pH (EQUIP-TRONICS- EQ-614A)
2	Condutividade eléctrica	Eletrométrico	Medidor de condutividade (EQUIP-TRONICS -EQ-664A)
3	TDS	Eletrométrico	Medidor de TDS (EQUIP-TRONICS-EQ-680)
4	Nitratos	Rastreio ultra-violeta	Espectrofotómetro UV-VIS
5	Cloretos	Titulação por $AgNO_3$	Método Argentométrico
6	Sulfatos	Método turbidimétrico	Medidor de turbidez (EQUIPTRONICS-EQ-815)
7	Alcalinidade	Titulação por $H_2 SO_4$	------------
8	Dureza total	Titulação por ETDA	------------
9	Sódio	Emissão de chama	Fotómetro de chama (EQUIP-TRONICS-

			EQ-850A)
10	Potássio	Emissão de chama	Fotómetro de chama (EQUIPTRONICS-EQ-850A)
11	Cálcio	Titulação por ETDA	-----------
12	Magnésio	Titulação por ETDA	-----------
13	Fluoreto	SPADNS	Espectrofotómetro UV-VIS
14	Ferro	Método da fenantrolina	-----------

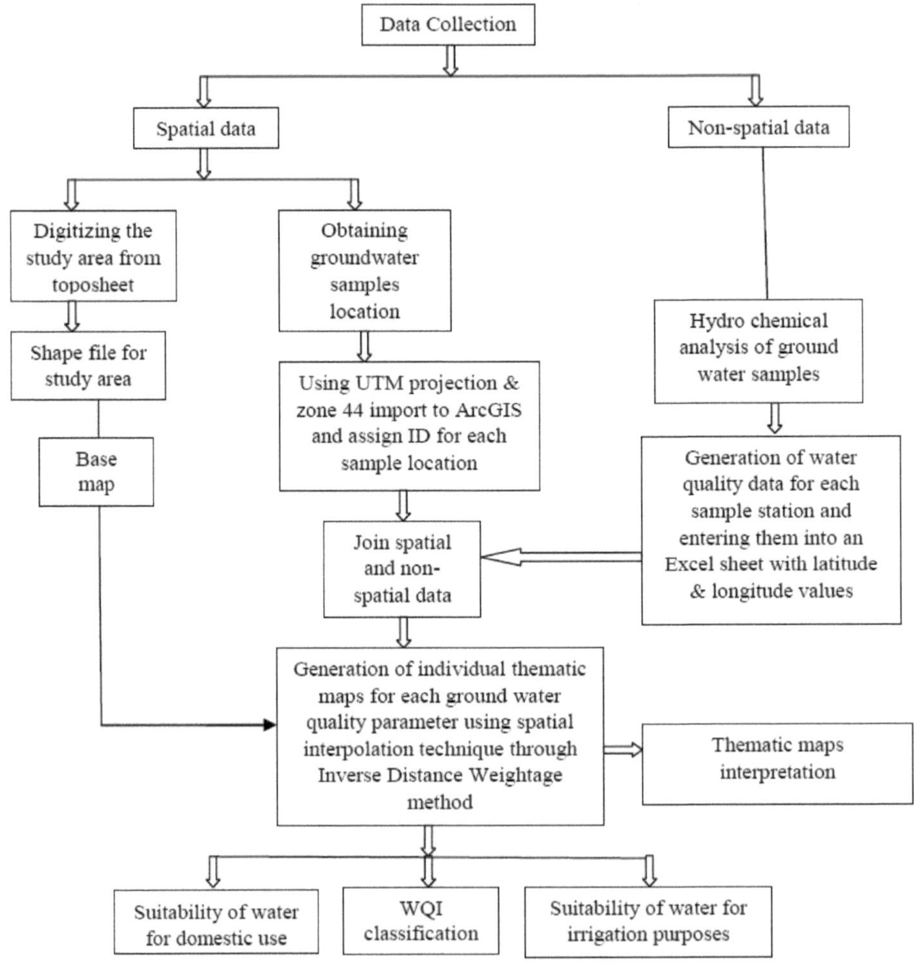

Figura 2.3: Fluxograma do trabalho proposto

2.2 Índices de qualidade da água

No presente estudo foi adotado o Índice Aritmético Ponderado para avaliar o estado da qualidade da água existente e para identificar os parâmetros físico-químicos que causam a degradação das águas subterrâneas na área de estudo.

2.2.1 Índice Aritmético Ponderado (Índice de Qualidade da Água)

Os índices de qualidade da água indicam geralmente o nível de poluição da água. Trata-se de uma das técnicas de avaliação da qualidade da água. Um número índice é formado pela combinação matemática de todos os parâmetros de qualidade da água e fornece uma descrição geral e facilmente compreensível da qualidade da água. Este índice pode ser utilizado para avaliar a qualidade da água em relação ao seu estado desejável (tal como definido pelos objectivos de qualidade da água) e para fornecer informações sobre o grau em que a qualidade da água é afetada pela atividade humana. O Índice de Qualidade da Água (IQA) é uma das ferramentas mais eficazes para comunicar informações sobre o estado geral da qualidade da água à comunidade de utilizadores e aos decisores políticos interessados. Assim, torna-se um parâmetro importante para a avaliação e gestão das águas subterrâneas.

2.2.1.1 Formulação do fator de ponderação e da classificação da qualidade da água no IQA

O índice de qualidade da água (IQA) é calculado através da adoção do método do índice aritmético ponderado e calculado pela seguinte fórmula proposta por Tiwari e Mishra. Neste método, a ponderação dos vários parâmetros de qualidade da água é atribuída de forma inversamente proporcional às normas recomendadas para os parâmetros correspondentes. O Quadro 3.3 fornece informações sobre os parâmetros de qualidade da água, as suas normas indianas (IS) e pesos e o Quadro 3.4 indica a qualidade da água de acordo com o índice de qualidade da água.

Para calcular o IQA, são considerados os seguintes passos

1. Fator de ponderação

No cálculo do índice de qualidade da água, começa-se por calcular a ponderação de cada parâmetro. O peso dos vários parâmetros de qualidade da água é atribuído de forma inversamente proporcional às normas recomendadas para os parâmetros correspondentes. A Tabela 3.3 fornece informações sobre os parâmetros de qualidade da água, as suas normas IS e pesos.

Assim   , $W_i \propto 1 / S_i$

$$W_i = K / S_i \qquad \qquad ...(3.1)$$

Quadro 2.3: Ponderação unitária dos parâmetros com base nas normas IS10500/OMS

S.NO.	Parâmetro	Valor padrão (S_n & S)i	Fator de ponderação atribuído (W)i
1	pH	7.0-8.5 (8.0)	0.024939

2	Cálcio (mg/L)	75	0.002826
3	Cloretos (mg/L)	250	0.000848
4	Fluoretos (mg/L)	1	0.211978
5	Dureza total (mg/L)	300	0.000707
6	Magnésio (mg/L)	30	0.007066
7	Ferro (mg/L)	0.3	0.706592
8	Sólidos totais dissolvidos (mg/L)	500	0.000424
9	Sulfatos (mg/L)	200	0.001060
10	Condutividade (µS/cm)	2000	0.000106
11	Alcalinidade total (mg/L)	200	0.001060
12	Turbidez (NTU)	5	0.042396

2. Classificação da qualidade da água

A classificação da qualidade da água é calculada com base na seguinte equação, em que Va e v_i são os valores reais e ideais dos parâmetros de qualidade da água da amostra de água. O valor ideal para todos os parâmetros é zero, exceto para o pH e o OD.

$$q_i = \{[(V_a - V_i) / (S_i - V_i)] * 100\} \qquad \ldots (3.2)$$

2.2.1.2 Cálculo do índice de qualidade da água

Essencialmente, o IQA é uma compilação de uma série de parâmetros que podem ser utilizados para determinar a qualidade global da água. Os parâmetros utilizados no cálculo são o pH, o cálcio, os cloretos, os fluoretos, a dureza total, o magnésio, os nitratos e os sólidos totais dissolvidos. O valor numérico da classificação da qualidade é depois multiplicado por um fator de ponderação que é relativo à importância do teste para a qualidade da água. A soma dos valores resultantes é adicionada para se obter um índice global de qualidade da água. O IQA é calculado através da seguinte equação proposta por Brown *etal*. O Quadro 3.4 indica a qualidade da água de acordo com o IQA.

Índice de qualidade da água:

$$WQI = \Sigma \, q_i \, w_i \qquad \ldots (3.3)$$

Em que qi (classificação da qualidade da água)

$$q_i = \{[(V_a - V_i) / (S_i - V_i)] * 100\}$$

v_a = valor real presente na amostra de água.

v_i = valor ideal (0 para todos os parâmetros, exceto pH e OD, para pH e oxigénio dissolvido 7,0 e 14,6 mg/l, respetivamente) em que

$$w_i = K / S_i \quad \text{Aqui } w_i \text{ (peso unitário)}$$

$$k \text{ (constant)} = 1/(1/V_{s1} + 1/V_{s2} + \ldots + 1/V_{sn}), \quad S_{ni} = \text{valor standard}$$

Tabela 2.4: Escala de qualidade da água

Índice de Qualidade da Água (IQA)	Qualidade da água
0-25	EXCELENTE
26-50	BOM
51-75	RUIM
76-100	MUITO RUIM
>100	IMPRÓPRIO PARA BEBER(UFD)

2.3 Adequação da água de irrigação de acordo com a classificação CSSRI

As águas subterrâneas são uma boa fonte de água doce disponível na Terra. No presente estudo, as amostras de águas subterrâneas são classificadas em termos de salinidade e alcalinidade de acordo com os critérios sugeridos pelo Central Soil Salinity Research Institute (CSSRI), Índia.

2.3.1 Parâmetros CE, SAR, RSC e respetivo cálculo

Os parâmetros selecionados para o presente estudo são a Condutividade Eléctrica (CE), a Taxa de Absorção de Sódio (SAR) e o Carbonato de Sódio Residual (RSC). Os dados analíticos de CE, SAR e RSC são calculados pelas seguintes equações 3.5 e 3.6.

$$\text{S.A.R.} = Na^+ / \sqrt{(Ca^{2+} + Mg^{2+})/2} \qquad \ldots (3.5)$$

Sendo Na = concentração do ião sódio, meq/l Ca = concentração do ião cálcio, meq/l Mg = concentração do ião magnésio, meq/l

$$\text{R.S.C. (meq/l)} = (CO_3^{2-} + HCO_3^-) - (Ca^{2+} + Mg^{2+}) \qquad \ldots (3.6)$$

Em que CO_3^{2-} = Concentração de iões carbonato, meq/l

HCO_3^- = Concentração do ião bicarbonato, meq/l

Ca^{2+} = Concentração do ião cálcio, meq/l

Mg^{2+} = Concentração do ião magnésio, meq/l

Para converter mg/l em meq/l, dividir os valores obtidos em mg/l pelos respectivos pesos equivalentes dos catiões ou aniões, como se mostra no quadro 3.5.

Quadro 2.5: Factores de conversão para meq/l

S.NO.	Catião	Peso	Catião	Peso

		equivalente		equivalente
1	Cálcio (Ca)	20	Carbonato $(CO)_3$	30
2	Magnésio (Mg)	12.2	Bicarbonato $(HCO)_3$	61
3	Sódio (Na)	22	Sulfato $(SO)_4$	48
4	Potássio (K)	33.1	Cloreto (Cl)	35.5
			Nitrato $(NO)_3$	62

Equivalente em mililitros por litro (meq/l) = Miligrama por litro (mg/l) do ião selecionado / Massa equivalente do respetivo ião

Condutividade eléctrica (CE):

A diretriz de qualidade da água que mais influencia a produtividade das culturas é o risco de salinidade, medido pela condutividade eléctrica (C.E.). Quanto mais elevada for a condutividade eléctrica, menos água estará disponível para as plantas, mesmo que o solo pareça húmido. Uma vez que as plantas só podem transpirar água "pura", a água utilizável pelas plantas na solução do solo diminui drasticamente à medida que a C.E. aumenta.

Quadro 2.6: Classificação de acordo com a medição da condutividade eléctrica

S.N.	LIMITE DE C.E. µS/cm	CATEGORIA	RESULTADO/REMARCAÇÕES
1	<650	I	A água apresenta baixa salinidade e pode ser utilizada para todos os tipos de culturas (exceto tabaco).
2	650 a 1300	II	A água apresenta um nível médio, aplicável a todos os tipos de culturas com tolerância ao sal a um nível muito baixo.
3	1300 a 3000	III	A água apresenta um nível médio, aplicável a todos os tipos de culturas com tolerância ao sal a um nível muito baixo.
4	3000 a 5000	IV	A água apresenta um nível muito elevado, aplicável a culturas com tolerância ao sal de nível muito elevado.
5	5000 a 8000	V	A água apresenta um nível tremendo, aplicável apenas no solo permeável.
6	>8000	VI	Não recomendado para irrigação

Rácio de adsorção de sódio (SAR):

Uma quantidade excessiva de sal em geral e de sódio em particular afecta a permeabilidade e a estrutura do solo e resulta em toxicidade para as plantas. O sódio presente na água de irrigação é geralmente absorvido pelas argilas em troca de cálcio e magnésio devido à troca de iões. Isto leva ao desenvolvimento de um solo alcalino, que tem uma estrutura desfavorável e resiste ao arejamento. O efeito do sódio na irrigação é quantificado por um parâmetro empírico denominado SAR. O valor de

SAR <10 é adequado para irrigação e um valor >10 é inadequado para irrigação.

Quadro 2.7: Classificação da qualidade da água com base no rácio de adsorção de sódio (SAR)

S.NO.	CLASSE	GAMA SAR
1	Baixa	Inferior a 10 (<10)
2	Médio	10-18
3	Elevado	18-26
4	Muito elevado	Acima de 26 (>26)

Carbonato de sódio residual (RSC):

O excesso da soma de carbonato e bicarbonato nas águas subterrâneas em relação à soma de cálcio e magnésio também influencia a inadequação para a irrigação. Isto pode ser expresso como carbonato de sódio residual (RSC). Quando o excesso de concentração de carbonato (residual) se torna demasiado elevado, os carbonatos combinam-se com o cálcio e o magnésio para formar um material sólido (incrustações) que se deposita na água. A água com um RSC elevado tem um pH elevado e a terra irrigada por essas águas torna-se infértil devido à deposição de carbonato de sódio, como mostra a cor preta do solo. O valor de RSC < 1,5 é seguro para irrigação, um valor entre (1,5 - 6,0) é de qualidade marginal e um valor > 6,0 é inadequado para irrigação[37]. Além disso, o valor de RSC é negativo, indicando que não há precipitação completa de cálcio e magnésio.

Quadro 2.8: Classificação da qualidade da água com base no carbonato de sódio residual (RSC)

S.NO.	CLASSE	GAMA RSC (meq/l)
1	Baixa	Inferior a 1,5 (<1,5)
2	Médio	1.5-3.0
3	Elevado	3.0-6.0
4	Muito elevado	Superior a 6,0 (>6,0)

Tabela 2.9: Classes de aptidão das águas subterrâneas para irrigação de acordo com a concentração de cloretos

S.N.	Concentração de Cl-	Categoria	Resultados/observações
1	<350mg/l	I	Aplicável a todas as culturas.
2	350 a 750mg/l	II	Aplicável a culturas com tolerância ao sal de grau alto-médio-baixo.
3	750 a 900mg/l	III	Aplicável a culturas com tolerância ao sal de grau médio-alto.
4	900 a 1300mg/l	IV	Aplicável a culturas com tolerância à salinidade de alto nível.
5	>1300mg/l	V	Não recomendado para irrigação.

2.4 Método de interpolação de distância inversa ponderada (IDW) utilizado no ArcGIS

A interpolação é o processo de estimativa de valores desconhecidos que se situam entre valores conhecidos. A interpolação é utilizada para criar superfícies contínuas (raster) de elevação, precipitação, temperatura, dispersão química ou outros fenómenos baseados no espaço. O resultado da interpolação é, na maioria dos casos, um raster, mas nalguns casos é uma rede triangular irregular (TIN). Os diferentes métodos de interpolação são: Inverse Distance Weighted (IDW), Spline, Nearest Neighbour e Kriging. Neste trabalho de projeto, utilizamos a técnica de interpolação Inverse Distance Weighted (IDW).

A distância inversa ponderada (IDW) é um método de interpolação que estima os valores das células calculando a média dos valores dos pontos de dados de amostra na vizinhança de cada célula de processamento. Quanto mais próximo um ponto estiver do centro da célula que está a ser estimada, maior é a sua influência ou peso no processo de cálculo da média. O IDW implementa explicitamente o pressuposto de que as coisas que estão próximas umas das outras são mais parecidas do que aquelas que estão mais distantes. Para prever um valor para qualquer local não medido, o IDW utilizará os valores medidos em torno do local de previsão. O IDW assume que cada ponto medido tem uma influência local que diminui com a distância. Os pontos mais próximos da localização da previsão são mais ponderados do que os mais afastados, daí o nome distância inversa ponderada. No método IDW, as distâncias horizontais entre a área estimada e os gabaritos circundantes determinam os factores de ponderação. Este método tem sido amplamente utilizado em muitos domínios diferentes, como a hidrologia e as ciências da terra. O IDW é um algoritmo para interpolar ou estimar espacialmente valores entre medições. Cada valor estimado numa interpolação IDW é uma média ponderada dos pontos de amostragem circundantes. Os pesos são calculados tomando o inverso da distância entre a localização de uma observação e a localização do ponto que está a ser estimado. A distância inversa pode ser elevada a uma potência (por exemplo, linear, ao quadrado e ao cubo) para modelar diferentes geometrias (por exemplo, linha, área, volume). Numa comparação de vários procedimentos de interpolação determinística diferentes, Burrough e Mc Donnell e Mathes *et al.* descobriram que a utilização de IDW com um termo de distância ao quadrado produzia resultados mais consistentes com os dados de entrada originais. Este método é adequado para conjuntos de dados em que os valores máximos e mínimos na superfície interpolada ocorrem normalmente em pontos de amostragem.

As vantagens da IDW são

- Mais facilmente compreensível.

- Não produzirá valores estimados fora das medições.

A interpolação ponderada pela distância inversa implementa explicitamente o pressuposto de que as coisas que estão próximas umas das outras são mais parecidas do que as que estão mais afastadas. Para prever um valor para qualquer local não medido, a IDW utilizará os valores medidos em torno do local de previsão que terão mais influência no valor previsto do que os mais afastados. Assim, a IDW assume que cada ponto medido tem uma influência local que diminui com a distância. Os pontos mais próximos da localização da previsão são mais ponderados do que os mais afastados, daí o nome distância inversa ponderada.

A fórmula geral é:

$$\hat{Z}(S_0) = \sum_{i=1}^{N} \lambda_i \, Z(S_i)$$

$$....(3.7)$$

onde:

$Z(S_0)$ é o valor que estamos a tentar prever para o local S_0.

N é o número de pontos de amostragem medidos nas imediações da localização da previsão que serão utilizados na previsão.

λ_i são os pesos atribuídos a cada ponto medido que vamos utilizar. Estes pesos diminuem com a distância.

$Z(S_i)$ é o valor observado na localização S_i.

A fórmula para determinar os pesos é a seguinte

$$\lambda_i = \frac{d_{i0}^{-P}}{\sum_{i=1}^{N} d_{i0}^{-P}} \qquad \sum_{i=1}^{N} \lambda_i = 1$$

$$...(3.8)$$

À medida que a distância aumenta, o peso é reduzido por um fator de p. A quantidade d_{i0} é a distância entre as localizações de previsão, s_0, e cada uma das localizações medidas, S_i. O parâmetro de potência p influencia a ponderação do valor da localização medida na localização; ou seja, à medida que a distância aumenta entre as localizações de amostras medidas e a localização de previsão, o peso (ou influência) que o ponto medido terá na previsão diminuirá exponencialmente. Os pesos dos locais medidos que serão utilizados na previsão são escalados de modo a que a sua soma seja igual a 1.

2.5 Aplicação do SIG na elaboração de mapas temáticos

O trabalho de campo é efectuado e as amostras de águas subterrâneas são recolhidas em várias aldeias de seis mandals do distrito de West Godavari nas estações pré e pós-monção. Estas amostras são testadas em laboratório utilizando procedimentos normalizados e os resultados são tabulados numa folha de cálculo Excel. O índice de qualidade da água é calculado para as épocas pré e pós-monção. Os dados sobre a qualidade da água assim obtidos constituem a base de dados de atributos para o presente estudo. Utilizando o software Arc GIS, versão 10.2.2, desenvolvido pelo Environmental Systems Research Institute (ESRI), são elaborados diferentes mapas temáticos e a aptidão para a irrigação das amostras de águas subterrâneas também é desenhada utilizando o mesmo software. As diferentes localizações das estações de amostragem são importadas para o software GIS através de uma camada de pontos. A cada ponto de amostragem é atribuído um código único e armazenado na tabela de atributos do ponto. O ficheiro da base de dados contém valores de todos os parâmetros químicos em colunas separadas, juntamente com um código de amostra para cada estação de amostragem. A base de dados geográfica é utilizada para gerar mapas de distribuição espacial de parâmetros selecionados de qualidade da água, nomeadamente pH, sólidos totais dissolvidos, dureza total, cloretos, fluoretos, cálcio, magnésio, nitratos e índice de qualidade da água (WQI), bem como parâmetros de aptidão para a irrigação. Os dados relativos à qualidade da água (atributo) estão ligados ao local de amostragem para a preparação de mapas espaciais na área de estudo utilizando o software Arc GIS 10.2.2.

Figura 3.4: Recolha e análise de amostras de águas subterrâneas

Capítulo 3. ANÁLISE E DISCUSSÃO

3.1 análise físico-química

A qualidade das águas subterrâneas é influenciada principalmente pelos seus aspectos físicos, químicos e biológicos, que variam de local para local e de estação para estação. As variações sazonais das caraterísticas físico-químicas das águas subterrâneas na área de estudo durante as estações pré e pós-monção de 2016-17 são discutidas abaixo. As Figuras 3.1 a 3.26 mostram a variação espacial de diferentes parâmetros de qualidade da água nas estações pré e pós-monção da área de estudo. Quando vista a olho nu, a água subterrânea é geralmente límpida e sem cor durante as estações pré e pós-monção.

Tabela 3.1: Especificações da água potável (IS 10500)

S.No.	Parameters	Desirable limit	Permissible limit
Essential Characteristics			
1	Colour, Hazen Units	5	25
2	Odour	Unobjectionable	-
3	Turbidity, NTU	5	10
4	pH	6.5 to 8.5	-
5	Total Hardness (as $CaCo_3$), mg/l	300	600
6	Iron (as Fe), mg/l	0.3	1.0
7	Chlorides (as Cl), mg/l	250	1000
Desirable Characteristics			
8	Dissolved solids, mg/l	500	2000
9	Calcium as (Ca), mg/l	75	200
10	Magnesium (as Mg), mg/l	30	100
11	Sulphates (as SO_4), mg/l	200	400
12	Nitrates (as NO_3), mg/l	45	100
13	Fluoride (as F), mg/l	1.0	1.5
14	Alkalinity, mg/l	200	600

Quadro 3.2: Dados pré-monção das amostras de águas subterrâneas 2017

S.NO.	Location	Longitude E	Latitude N	pH	Alkalinity	Hardness	Turbidity	Calcium as Ca^{2+}	Magnesium as Mg^{2+}	Sulphates	Nitrate as NO_3^-	Chlorides as Cl	Iron as Fe	TDS	E. C.	Flouride
1	Perupalem	81.583069	16.369969	7.62	309	140	1.7	140.5	102.4	18	7	162	0.8	2016	983	0
2	Poduru	81.753742	16.592502	7.2	334	154	2.6	113.8	110.3	27	10	166	0.8	1124	1592	0
3	Gondimula	81.685751	16.364332	7.31	351	243	3.1	110.9	84.6	34	7	149	0.6	1173	2958	0
4	Dharbarevu	81.689681	16.415653	7.35	367	139	3	112.8	61.5	33	6	122	0.5	1159	2694	0.01
5	Thurputallu	81.647921	16.359441	7.29	381	273	2.1	110.3	54.3	59	2	522	0.5	1123	3283	0.01
6	Vemuladeevi	81.698684	16.338067	7.46	291	237	0.7	105.8	59.4	61	6	101	0.5	673	541	0.01
7	Nallipeta	81.643295	16.419724	7.51	394	253	2.1	103.5	58.6	112	4	316	0.3	659	1427	0.01
8	Lakshmaneswaram	81.689873	16.402783	7.5	435	241	1.9	100.8	49.3	20	9	190	0.4	2009	632	0.01
9	Linganaboinacherla	81.652822	16.386621	7.01	376	126	1.8	140.5	49.7	19	7	201	0.3	2134	824	0
10	Yenuguvanilanka	81.758679	16.454023	7.43	341	259	1.9	79.6	71.6	51	9	186	0.7	2148	3626	0
11	Saripalle	81.677792	16.466322	7.39	406	261	1.6	75.6	89.6	39	4	512	0.5	598	3847	0
12	Pasaladeevi	81.630177	16.388949	7.81	467	253	2.7	87.3	61.7	38	8	347	0.5	2942	3106	0.12
13	Chamakuripalem	81.653029	16.376556	7.79	473	197	3.1	160.7	10.4	58	3	299	0.4	2639	1209	0
14	Chittavaram	81.732206	16.468626	7.6	396	353	1.5	153.6	21.4	125	2	300	0.4	2792	1562	0
15	Narsapur	81.699142	16.446622	7.42	406	225	1.7	160.8	23.4	61	5	201	0.4	2981	1693	0.01
16	Rustumbada	81.681654	16.430899	7.36	619	167	1.3	82.4	29.4	32	4	192	0.5	1873	1527	0.02
17	Royapeta	81.693907	16.434171	7	617	161	2.9	86	41.7	31	7	202	0.6	1768	1683	0
18	Mallavaram	81.641991	16.480339	7.29	743	193	1	67.1	29.8	41	3	419	0.6	1969	1794	0.02
19	Likhithapudi	81.655561	16.465585	7.36	698	209	2.3	70.1	59.4	54	8	166	0.7	2005	983	0
20	Kopporru	81.637859	16.458271	7.51	357	283	2.4	80.2	73.4	52	5	404	0.6	1629	3626	0
21	Siragalapalli	81.793739	16.498809	7.49	346	186	2.5	97.6	61.4	118	3	350	0.8	1356	4109	0
22	Modi	81.594998	16.397135	7.53	351	143	2.9	86.3	15.6	19	2	301	0.7	962	3106	0.13
23	Marrithippa	81.524391	16.408258	7.46	369	251	0.9	97.8	21.7	15	3	261	0.9	921	1209	0.11
24	Mutyalapalli	81.578808	16.402536	7.84	195	119	2.9	50.7	52.9	41	4	279	1.0	1073	1562	0.11
25	Kottata	81.545645	16.398185	7.39	376	137	3.1	54.3	9.4	46	6	316	0.8	2107	1693	0
26	Kalipatnam	81.523082	16.391399	8.01	387	183	3.6	48.9	112.5	125	7	302	0.7	1938	1527	0.01
27	Medapadu	81.774518	16.502931	8.15	375	94	3.7	68.3	76.2	61	8	395	0.5	2065	1683	0
28	Mogalturu	81.621416	16.414417	8	368	206	3.3	133.8	82.4	32	10	533	0.4	1536	1794	0
29	Seripalem	81.592211	16.448811	7.57	364	128	1.9	132.7	30.4	29	8	536	0.7	2005	1882	0.01
30	Ramannapalem	81.648029	16.410521	7.64	547	286	2.8	98.7	21.5	36	7	454	0.7	1873	2735	0.01
31	Serepalem	81.601918	16.443479	7.01	496	237	3.7	99.7	33.5	35	2	433	0.6	1969	2358	0
32	Seetharamapuram South	81.655605	16.420881	8.03	654	251	3.8	107.8	32.4	51	7	301	0.3	1768	2987	0.01
33	Seetharamapuram North	81.641866	16.432909	7.56	257	291	3.4	99.6	29.4	125	6	249	0.3	1629	2756	0.09
34	Yeramsettypalam	81.663588	16.411167	7.51	293	210	3.1	155.7	43.8	71	8	419	0.5	1862	3157	0.02
35	Varathippa	81.566047	16.408565	7.36	243	69	2.8	113.2	40.6	14	4	320	0.9	1681	2541	0
36	Komatithippa	81.537765	16.426906	7	294	245	3.5	101.5	49.7	21	8	313	0.9	1536	2470	0.01
37	Kummarapurugupalem	81.627152	16.358671	6.59	381	219	3.1	100.3	71.6	32	7	389	0.6	2065	3247	0
38	Navarasapuram	81.721262	16.456508	7.21	548	241	3.9	103.9	59.4	28	6	341	0.8	1938	2792	0
39	Pathapadu	81.491454	16.383005	7.16	681	268	3.2	102.9	51.8	51	2	460	0.8	2107	2648	0.01
40	Agarru	81.677467	16.495672	7.61	313	146	2.8	132.7	104.2	20	9	536	0.4	1873	2648	0
41	Gorintada	81.693521	16.490298	7.18	347	164	3.7	133.8	112.5	30	11	533	0.5	1768	2792	0.12
42	Baggeswaram	81.694041	16.522372	7.29	381	253	3.8	80.2	87.6	38	8	395	0.7	1969	3157	0
43	Chandaparru	81.700385	16.502727	7.34	376	143	3.4	68.3	63.5	37	7	302	0.8	2005	3247	0
44	Gadiparru	81.751893	16.519391	7.28	392	294	3.1	51.8	59.4	62	3	316	1.0	1629	2541	0.01
45	Achanta	81.786038	16.607079	7.43	301	254	2.8	54.3	62.7	64	7	279	0.9	1862	2470	0.02
46	Digamarru	81.731973	16.483601	7.46	419	297	2.9	50.7	62.9	120	5	261	0.7	1536	2756	0
47	Lankalakoderu	81.680847	16.534112	7.49	461	263	3.1	97.8	52.1	25	10	301	0.8	2065	2987	0.01
48	Pallakollu	81.725342	16.517455	7.51	397	138	3.6	86.3	51.6	21	8	350	0.6	1938	2358	0.01
49	Pulapalli	81.712335	16.519432	7.39	354	271	3.7	100.5	73.4	53	10	404	0.7	2107	2735	0
50	Sagamcheruvu	81.705526	16.478527	7.37	457	283	3.3	103.4	94.2	42	5	460	0.8	2094	3248	0.01
51	Sivadevunichikkala	81.650768	16.530399	7.76	482	281	3.5	103.9	63.7	43	9	341	0.8	1948	2587	0.09
52	Ullamparru	81.726051	16.533399	7.73	491	213	3.1	100.3	12.5	60	4	389	0.6	1135	2526	0.02
53	Vadlavanipalem	81.705184	16.545356	7.51	412	399	3.9	106.7	25.4	132	3	313	0.9	1073	1792	0.02
54	Velivela	81.655561	16.500642	7.39	453	246	4.3	113.2	27.3	62	6	320	0.9	921	1357	0
55	Kodamanchili	81.819318	16.603931	7.25	510	212	3.5	155.7	31.8	51	4	419	0.5	962	1351	0
56	Valluru	81.829305	16.545734	7.31	632	183	1.9	99.6	34.5	35	5	249	0.3	1356	2026	0
57	Vedangi	81.715626	16.565402	7.15	625	176	0.9	107.8	45.2	33	9	301	0.3	1419	2047	0
58	Kalagampudi	81.766561	16.464001	7.21	753	216	1.7	100.9	32.5	49	5	433	0.6	1808	1829	0
59	Pedamallam	81.839991	16.616815	7.53	645	306	2.9	98.7	24.3	41	8	454	0.7	2083	3351	0
60	Kavitam	81.721262	16.596783	7.31	726	238	2.6	80.2	62.8	58	10	186	0.7	2089	2369	0
61	Kommuchikkala	81.693893	16.578153	7.49	371	301	3.1	70.1	75.2	54	7	201	0.3	692	824	0
62	Bolletigunta	81.737728	16.570572	7.43	376	213	3	67.1	65.2	121	5	190	0.4	635	632	0
63	Penumadam	81.749698	16.547583	7.48	395	163	2.1	86	21.5	21	4	316	0.3	1006	1427	0
64	Koderu	81.843559	16.596002	7.38	383	273	0.7	86.4	26.3	19	3	95	0.5	598	652	0
65	Penumachili	81.825278	16.578451	7.72	216	137	2.1	160.8	54.1	43	5	601	0.5	2148	3283	0.01
66	Vennapuvaripalem	81.809632	16.587316	7.33	406	158	1.9	153.6	10.5	51	7	122	0.5	2134	2694	0.01
67	Gummaluru	81.771461	16.559938	8	381	126	1.9	160.7	81.3	68	9	149	0.6	2009	2958	0.01
68	Penumarru	81.794528	16.525992	7.87	376	253	1.6	87.3	84.3	36	11	166	0.8	659	1592	0.01
69	Miniminchilipadu	81.797003	16.572923	7.42	384	158	2.7	79.6	32.5	31	9	162	0.8	673	983	0.01
70	Raavigoppu	81.792119	16.548362	6.87	512	251	0.5	140.5	36.2	42	3	419	0.4	1123	1794	0
71	Siddhantam	81.809042	16.624004	7.36	364	300	3.1	38.2	73.1	80	8	427	0.1	964	1109	0.01
72	Ilapakurru	81.829627	16.515202	8.2	773	278	2.8	93.7	37.2	140	10	238	0.4	543	723	0.01
73	Utada	81.751081	16.491635	7.4	334	395	2.4	48.6	62.7	124	9	67	0.4	354	429	0.01
74	Gondimula	81.67011	16.349647	7.28	571	245	3.9	134.2	78.2	40	10	314	0.2	919	887	0.01
75	Godavaripet	81.579731	16.427462	8.32	466	313	2.6	85.6	45.7	22	5	386	0.1	2594	3214	0.01
76	Linupallipalem	81.557908	16.377339	7.28	474	243	3.3	83.6	89.2	41	9	274	0.8	549	621	0
77	Bhemalapuram	81.843263	16.558986	7.39	265	287	3.7	127.6	73.4	48	5	196	0.2	562	627	0

Quadro 3.3: Dados pós-monção das amostras de águas subterrâneas 2016

S.NO.	Location	Longitude E	Latitude N	pH	Alkalinity	Hardness	Turbidity	Calcium as Ca^{2+}	Magnesium as Mg^{2+}	Sulphates	Nitrate as NO_3^-	Chlorides as Cl^-	Iron as Fe	TDS	E. C.	Flouride
1	Perupalem	81.58307	16.36997	7.07	401	455	4.3	109.2	60.1	57	2	78	0.1	331	420	0
2	Poduru	81.75374	16.5925	7.4	430	550	4.2	110.4	90.7	44	3	49	0.1	421	431	0.12
3	Gondimula	81.68575	16.36433	7.46	492	950	2.5	61.8	92.4	39	3	161	0.7	523	612	0
4	Dharbarevu	81.68968	16.41565	7.41	521	892	2.7	42.6	65.4	35	4	142	0.6	510	625	0
5	Thurputallu	81.64792	16.35944	7.21	381	190	2.6	31.7	58.1	38	15	415	0.6	937	1029	0.01
6	Vemuladeevi	81.69868	16.33807	7.4	501	510	2.3	44.7	62.7	34	8	419	0.1	952	1023	0.02
7	Nallipeta	81.6433	16.41972	7.12	352	360	2.7	36.4	53.9	36	7	726	0.5	2543	3218	0
8	Lakshmaneswaram	81.68987	16.40278	7.32	381	430	1.2	76.5	50.7	71	4	435	0.1	1102	1204	0.01
9	Linganaboinacherla	81.65282	16.38662	7.16	832	581	2.9	38.2	65.7	60	2	427	0.1	964	1109	0.01
10	Yernuguvanilanka	81.75868	16.45402	7.34	961	940	4.1	76.1	50.1	61	2	245	0.3	642	781	0
11	Saripalle	81.67779	16.46632	7.29	984	659	4.1	75.3	63.7	34	3	163	0.1	351	442	0.01
12	Pasaladeevi	81.63018	16.38895	7.51	730	1189	2.6	83.6	110.7	23	3	274	0.7	549	621	0.09
13	Chamakuripalem	81.65303	16.37656	7.27	569	1054	2.1	74.2	112.5	27	3	176	0.6	756	904	0.02
14	Chittavaram	81.73221	16.46863	7.15	432	595	2.9	92.5	110.6	57	3	342	0.4	1250	1432	0.02
15	Narsapur	81.69914	16.44662	7.41	321	390	4.2	93.7	23.9	60	3	238	0.3	543	723	0
16	Rustumbada	81.68165	16.4309	7.39	259	471	3.6	125.3	70.4	59	12	287	0.1	487	613	0
17	Royapeta	81.69391	16.43417	7.46	480	475	3.7	85.2	47.9	51	14	241	0.1	583	614	0
18	Mallavaram	81.64199	16.48034	7.29	478	599	1.9	93.4	50.3	45	14	263	0.1	1069	1289	0
19	Likhithapudi	81.65556	16.46559	7.09	425	400	4.5	91.3	95.2	40	14	327	0.3	329	412	0
20	Kopporru	81.63786	16.45827	6.51	419	510	3.9	92.7	93.8	32	14	399	0.4	651	719	0
21	Siragalapalli	81.79374	16.49881	7.59	356	470	3.8	59.5	70.1	32	1	82	0.3	369	432	0
22	Modi	81.595	16.39714	7.61	410	510	4.0	48.6	70.3	43	2	67	0.4	354	429	0
23	Marrithippa	81.52439	16.40826	7.46	493	581	3.6	51.6	74.1	94	12	35	0.5	432	529	0
24	Mutyalapalli	81.57881	16.40254	7.09	481	441	3.5	69.4	80.7	95	13	154	0.1	469	647	0.01
25	Kottata	81.54565	16.39819	6.98	467	590	3.5	11.2	69.6	21	14	135	0.3	621	657	0.01
26	Kalipatnam	81.52308	16.3914	7.87	409	520	4.1	120.6	95.3	32	15	397	0.1	982	984	0.01
27	Medapadu	81.77452	16.50293	7.73	410	620	3.9	127.6	108.6	53	14	196	0.1	562	627	0.01
28	Mogalturu	81.62142	16.41442	7.81	365	632	4.1	134.2	138.2	62	10	314	0.1	919	887	0.01
29	Seripalem	81.59221	16.44881	7.25	436	482	2.9	35.7	130.4	72	10	236	0.1	1253	1549	0.01
30	Ramannapalem	81.64803	16.41052	7.39	419	572	3.4	52.7	90.6	32	3	314	0.1	643	643	0
31	Serepalem	81.60192	16.44348	7.38	356	461	3.1	119.4	85.7	27	7	232	0.2	978	983	0
32	Seetharamapuram South	81.65561	16.42088	7.72	410	567	2.7	85.6	50.3	27	6	386	0.1	2594	3214	0.01
33	Seetharamapuram North	81.64187	16.43291	8.01	493	514	2.1	73.5	60.7	44	4	665	0.1	1012	1069	0.13
34	Yeramsettypalam	81.66359	16.41117	7.43	481	425	3.1	81.6	52.1	22	4	412	0.1	653	986	0.11
35	Varathippa	81.56605	16.40857	7.5	467	410	5.1	82.6	40.3	25	6	419	0.2	684	659	0.11
36	Komatithippa	81.53777	16.42691	7.3	409	561	4.9	83.4	40.8	36	1	236	0.3	383	391	0
37	Kummarapurugupalem	81.62715	16.35867	7.41	410	560	4.0	87.5	35.3	80	1	183	0.1	429	512	0.01
38	Navarasapuram	81.72126	16.45651	7.9	365	860	3.5	86.2	92.7	94	2	273	0.1	549	632	0
39	Pathapadu	81.49145	16.38301	7.36	436	857	4.1	121.6	90.2	11	2	241	0.1	586	659	0
40	Agarru	81.67747	16.49567	7.42	421	870	2.9	110.3	130.4	96	14	81	0.1	335	418	0.03
41	Gorintada	81.69352	16.4903	7.38	425	860	4.1	112.7	138.2	94	14	52	0.7	419	452	0.04
42	Baggeswaram	81.69404	16.52237	7.72	478	560	3.9	62.8	108.6	43	14	164	0.6	521	601	0.01
43	Chandaparru	81.70039	16.50273	7.83	482	561	4.1	43.6	95.3	32	12	147	0.4	512	621	0.01
44	Gadiparru	81.75189	16.51939	7.43	259	410	3.7	32.9	69.6	32	3	421	0.3	947	1020	0.2
45	Achanta	81.78604	16.60708	7.51	321	425	3.5	45.7	80.7	40	3	425	0.1	981	1012	0.01
46	Digamarru	81.73197	16.4836	7.3	432	523	3.6	39.7	74.1	45	3	732	0.4	2941	3215	0
47	Lankalakoderu	81.68085	16.53411	7.41	569	567	4.0	82.9	70.3	51	3	452	0.1	1053	1187	0.05
48	Pallakolu	81.72534	16.51746	7.9	735	461	3.8	41.6	70.1	59	3	439	0.1	987	1062	0.04
49	Pulapalli	81.71234	16.51943	7.51	1002	572	4.3	81.6	93.8	60	2	261	0.1	639	749	0.01
50	Sagamcheruvu	81.70553	16.47853	6.92	987	635	4.1	79.2	90.2	61	2	185	0.5	384	435	0.02
51	Sivadevunichikkala	81.65077	16.5304	7.59	992	620	3.8	85.6	92.7	60	6	284	0.1	545	619	0.01
52	Ullamparru	81.72605	16.5334	7.61	954	520	4.0	75.3	35.3	71	4	195	0.3	765	897	0
53	Vadlavanipalem	81.70518	16.54536	7.46	563	590	4.9	94.8	40.8	36	7	354	0.1	1247	1387	0.01
54	Velivela	81.65556	16.50064	7.09	550	441	5.1	95.7	40.3	34	8	241	0.1	591	657	0
55	Kodamanchili	81.81932	16.60393	7.1	532	600	3.1	115.6	52.1	38	15	272	0.1	498	608	0.01
56	Valluru	81.82931	16.54573	6.87	483	510	2.1	127.6	60.7	35	4	301	0.1	502	546	0
57	Vedangi	81.71563	16.5654	6.73	512	470	2.7	87.3	50.3	39	3	255	0.1	592	601	0.01
58	Kalagampudi	81.76656	16.464	6.81	947	510	3.1	97.8	85.7	44	3	281	0.1	1186	1235	0
59	Pedamallam	81.83999	16.61682	7.25	961	628	3.6	59.7	90.6	57	2	321	0.2	653	652	0.02
60	Kavitam	81.72126	16.59678	7.09	832	581	4.5	93.6	95.2	57	2	334	0.7	354	397	0
61	Kommuchikkala	81.69389	16.57815	7.29	381	430	2.9	94.2	50.3	27	1	412	0.6	689	710	0.03
62	Bolletigunta	81.73773	16.57057	7.46	356	360	1.4	61.3	47.9	23	1	86	0.6	382	421	0.02
63	Penumadam	81.7497	16.54758	7.39	501	510	2.7	52.6	70.4	34	6	73	0.1	376	412	0
64	Koderu	81.84356	16.596	7.43	381	190	2.3	53.1	25.1	11	4	41	0.5	441	456	0.01
65	Penumachili	81.82528	16.57845	7.15	521	900	2.7	72.3	110.6	94	4	165	0.1	493	573	0.01
66	Vennapuvaripalem	81.80963	16.58732	7.27	492	950	2.7	12.8	112.5	80	6	142	0.1	623	643	0
67	Gummaluru	81.77146	16.55994	7.51	436	550	2.5	132.4	110.7	36	7	201	0.1	583	639	0.02
68	Penumarru	81.79453	16.52599	7.29	401	455	4.2	143.8	63.7	25	3	326	0.1	912	942	0.01
69	Miniminchilipadu	81.797	16.57292	7.39	436	400	4.5	41.9	50.1	22	10	241	0.1	1247	1463	0
70	Raavigoppu	81.79212	16.54836	7.16	365	620	1.9	121.4	65.7	44	10	246	0.1	984	1023	0.01
71	Siddhantam	81.80904	16.624	6.58	376	126	1.8	112.8	49.7	19	7	256	0.1	598	940	0
72	Ilapakurru	81.82963	16.5152	7.42	406	225	1.7	160.7	23.4	62	6	431	0.7	970	1851	0.01
73	Utada	81.75108	16.49164	7.53	351	143	2.9	46.5	15.6	20	3	756	0.7	2789	1851	0.13
74	Gondimula	81.67011	16.34965	8	368	206	3.3	97.8	82.4	32	11	260	0.1	563	872	0
75	Godavaripet	81.57973	16.42746	8.03	654	251	3.8	65.8	32.4	52	8	55	0.9	418	587	0.01
76	Linupallipalem	81.55791	16.37734	7.81	467	253	2.7	152.3	61.7	39	8	335	0.1	445	587	0.12
77	Bhemalapuram	81.84326	16.55899	8.15	375	194	3.7	148.7	76.2	61	9	260	0.1	974	523	0

31

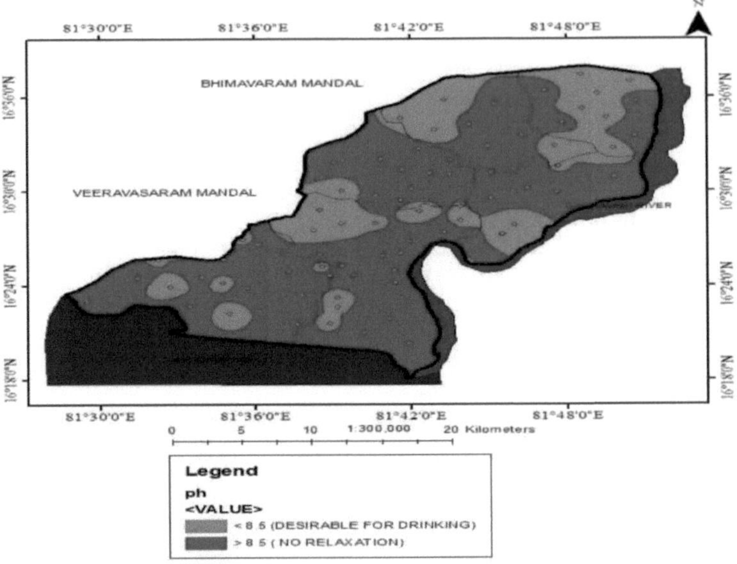

Figura 3.1: Distribuição espacial do pH na pré-monção

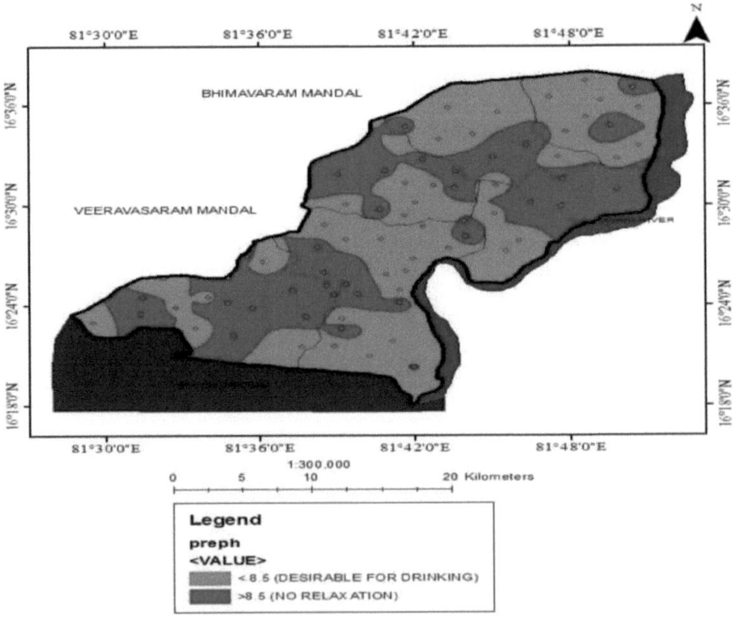

Figura 3.2: Distribuição espacial do pH na pós-monção

pH: O parâmetro pH (logaritmo negativo de base 10 da atividade do ião hidrogénio) é um parâmetro fundamental da qualidade da água. É facilmente medido no local, determina a solubilidade e

32

mobilidade de muitos metais dissolvidos e fornece uma indicação dos tipos de gases e minerais com os quais a água subterrânea reagiu à medida que flui da região de recarga para o local da amostra. O valor de pH igual a 7 mostra água neutra, maior que 7 significa que a água é básica, menos que 7 é chamada ácida. Os cursos de água e os lagos em climas húmidos têm normalmente valores de pH entre 6,5 e 8,0. A água do solo em contacto com material orgânico em decomposição pode ter valores de pH tão baixos como 4,0, e o pH da água que reagiu com minerais de sulfureto de ferro no carvão ou xisto pode ser ainda mais baixo. Na ausência de carvão ou de minerais de sulfureto de ferro, o pH da água subterrânea varia tipicamente entre 6,0 e 8,5, dependendo do tipo de solo e rocha contactados. As reacções entre a água subterrânea e os arenitos resultam em valores de pH entre cerca de 6,5 e 7,5, enquanto a água subterrânea que flui através de estratos calcários pode ter valores tão elevados como 8,5. A água com pH superior a 8,5 ou inferior a 6,5 pode produzir manchas, corrosão ou incrustações. O pH da água subterrânea na área de estudo variou entre 6,59 (Kummarapurugupalem) e 8,32 (Godavaripet) durante a pré-monção, enquanto na pós-monção os valores foram de 6,51 (Kopporru) e 8,15 (Bhemalapuram). O pH das águas subterrâneas era ligeiramente básico em ambas as estações. A natureza ácida das águas subterrâneas foi encontrada em Vedangi (6,94) e Siddhantam (6,97), etc. O pH superior a 8 foi observado em Kalipatnam (8,01) e Godavaripet (8,18), etc. No entanto, o pH da maioria das amostras de água estava dentro do limite admissível (6,5-8,5) sugerido pela norma IS10500, o que indica que a água é adequada para beber e para outras utilizações domésticas. As figuras 3.1 e 3.2 mostram a variação espacial do pH nas estações pré e pós-monção da área de estudo.

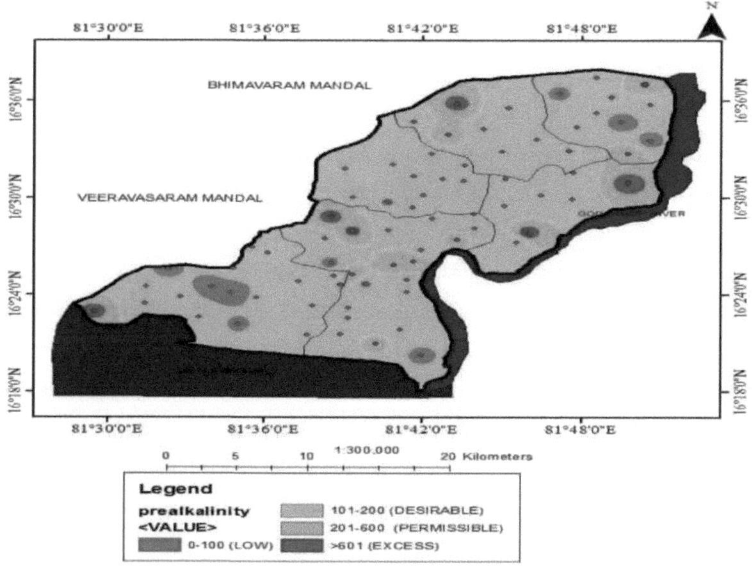

Figura 3.3: Distribuição espacial da alcalinidade na pré-monção

33

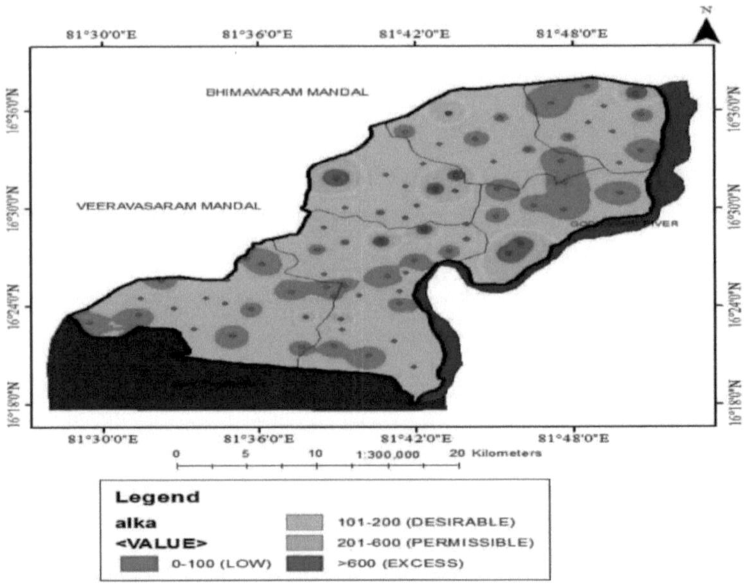

Figura 3.4: A distribuição espacial da alcalinidade na pós-monção

ALCALINIDADE TOTAL: A água alcalina é normalmente caracterizada por ter muitos electrões e uma carga negativa. Na água não contaminada, a alcalinidade é principalmente uma medida de bicarbonato e carbonato dissolvidos. Diz-se que a água alcalina ajuda a retardar o processo de envelhecimento devido ao seu elevado conteúdo eletrónico. Os efeitos secundários mais comuns associados à ingestão de água alcalina são o mau funcionamento da digestão, problemas cardiovasculares, anomalias metabólicas, sobrecarga dos rins e a utilização de água alcalina em excesso pode desidratar o organismo. Os valores de alcalinidade total (mg/l) variaram de 195 a 773 mg/l durante a pré-monção; no entanto, os valores foram de 259 a 1002 mg/l durante a estação pós-monção. O valor mínimo de alcalinidade foi observado em Achanta (311 mg/l) e o valor máximo foi observado em Kalagampudi (850 mg/l). Os dados mostram que as amostras de águas subterrâneas estavam acima do limite desejável proposto pela norma IS10500 (200 mg/l). A principal fonte de alcalinidade natural é o CO_2 na atmosfera e nos gases do solo, que se dissolve na água da chuva e nas águas superficiais e chega ao solo, misturando-se assim com as águas subterrâneas. As principais fontes contaminantes de alcalinidade incluem os aterros sanitários. Níveis elevados de alcalinidade podem ser acompanhados por um sabor desagradável ou pela precipitação de incrustações em tubos e recipientes. As figuras 3.3 e 3.4 mostram a variação espacial da alcalinidade total nas estações pré e pós-monção da área de estudo. As formas simples de reduzir a alcalinidade total são a nanofiltração, a troca aniónica de iões negativos Cl⁻ .

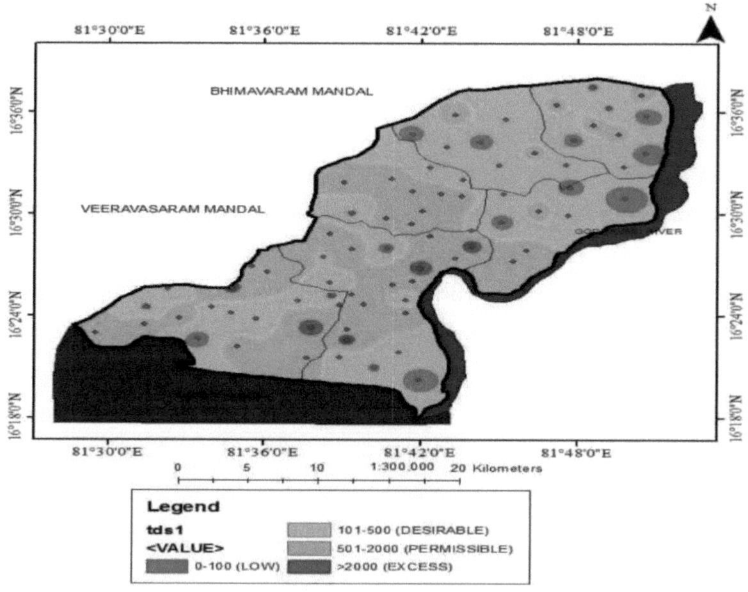

Figura 3.5: Distribuição espacial do total de sólidos dissolvidos (TDS) na pré-monção

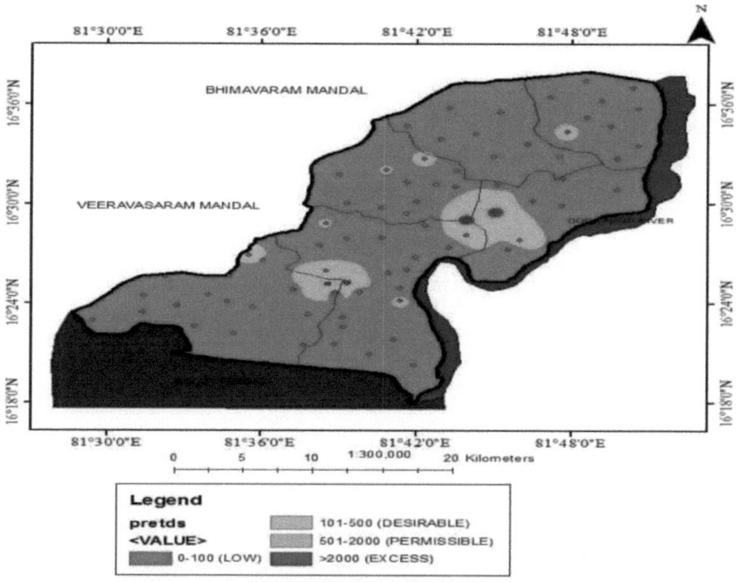

Figura 3.6: A distribuição espacial dos sólidos totais dissolvidos (TDS) na pós-monção
SÓLIDOS DISSOLVIDOS TOTAIS (TDS): Os TDS são um indicador da qualidade geral da água, da mineralização e são utilizados para comparar a qualidade das águas subterrâneas. Os sólidos totais dissolvidos são a soma de todos os químicos dissolvidos na água, expressos em mg/l. Pode ser

calculado adicionando todas as concentrações de soluto de uma análise química completa, ou medido como o peso do resíduo remanescente após a água ter sido evaporada até à secura. Os valores de sólidos dissolvidos totais aumentam normalmente com a profundidade da amostra ou com a distância que a água subterrânea percorreu desde a área de recarga até ao local da amostra. Os níveis de TDS da área de estudo variaram de 329 a 2941 (2012-13) durante a pré-monção, enquanto os valores da estação pós-monção foram de 354 a 2981 mg/l. Os dados revelam que o valor médio de TDS da água subterrânea está acima da norma (500-2000mg/l) proposta pela IS 10500, o que implica que a maioria das amostras de água excede a norma proposta. Isto pode dever-se às actividades antropogénicas em curso, como a agricultura e a aquacultura, que conduzem a uma variabilidade espacial e temporal local do escoamento. Uma vez que a maioria dos esgotos não tem revestimento, os poluentes presentes no escoamento podem lixiviar para as camadas sub-superficiais, causando a deterioração da qualidade das águas subterrâneas. A variação observada de TDS entre a pré-monção e a pós-monção deveu-se ao assoreamento e à precipitação, tal como referido anteriormente. Resultados semelhantes foram também registados por Bishnoi e Malik e Ram *et al., que* também observaram valores elevados de TDS nas águas subterrâneas. A palatabilidade da água com um nível de TDS inferior a 600 mg/l é geralmente considerada boa. A água potável torna-se significativamente e cada vez mais intragável com níveis de TDS superiores a cerca de 1000 mg/l. As figuras 3.5 e 3.6 mostram a variação espacial dos sólidos totais dissolvidos nas estações pré e pós-monção da área de estudo. A opção de tratamento para controlar os TDS dentro do limite permitido depende da natureza dos catiões e dos aniões. Se os sólidos totais dissolvidos forem devidos a iões como o cálcio, o magnésio e o ferro, pode ser possível remover estes iões utilizando um descalcificador de água. Este processo pode não reduzir a concentração total de sólidos dissolvidos, mas reduz os problemas estéticos da água. Se o problema estiver associado à concentração de sódio, cloreto ou potássio, as principais recomendações incluem um sistema de osmose inversa (OR) ou uma unidade de destilação.

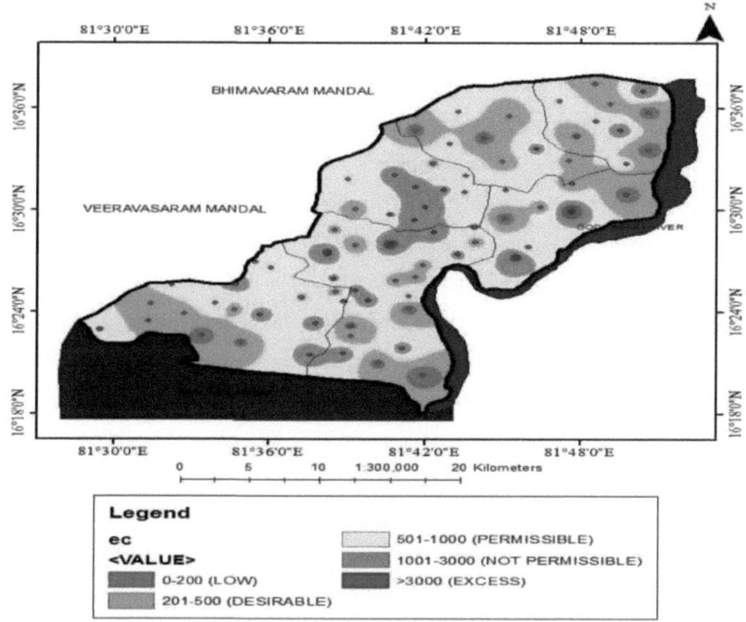

Figura 3.7: Distribuição espacial da condutividade eléctrica na pré-monção

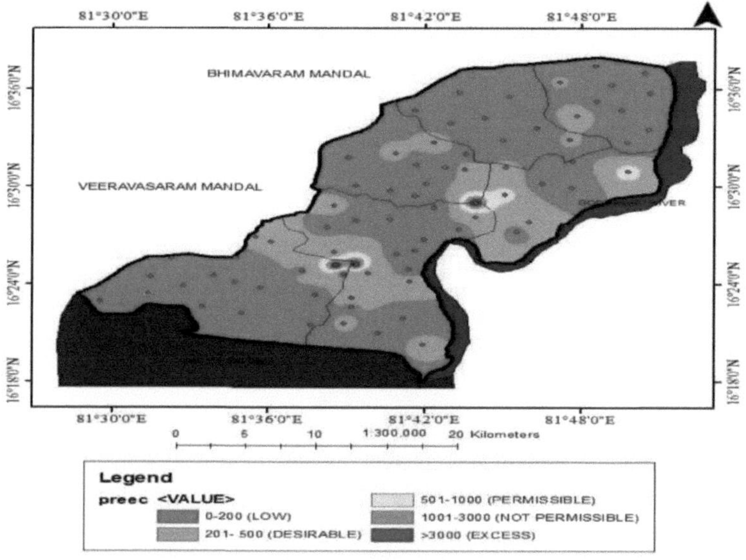

Figura 3.8: A distribuição espacial da condutividade eléctrica na pós-monção

CONDUTIVIDADE ELÉCTRICA (E.C): A condutividade eléctrica tem um impacto significativo na determinação da portabilidade da água. A condutividade eléctrica da água a 25°C é devida à presença de vários sais dissolvidos. A condutividade mede a capacidade da água para transmitir uma corrente eléctrica. A água pura é um mau condutor elétrico. No entanto, a capacidade da água para transmitir eletricidade aumenta à medida que a quantidade de solutos dissolvidos aumenta. A água com elevada condutividade pode ter um sabor desagradável, causar manchas e precipitar incrustações em tubos e recipientes. A condutividade é indicada em micromhos por centímetro a 25º C, ou o equivalente a microsiemens por centímetro no Sistema Internacional de Unidades. O presente trabalho revela que os valores de condutividade eléctrica variaram amplamente de 391 a 3218 µs/cm durante a pós-monção, enquanto os valores foram de 421 a 4109 µS/cm durante a estação pré-monção. Em comparação com o limite desejável da IS10500 (500µS/cm), todas as amostras foram encontradas para além do limite, além disso, um número de amostras apresentava condutividade eléctrica superior a 1000µs/cm. Os resultados indicam uma elevada mineralização na área de estudo. Uma quantidade excessivamente elevada de condutividade pode dever-se à concentração máxima de sais solúveis presentes nas águas subterrâneas e a actividades antropogénicas como a agricultura. Embora a grande variação na condutividade eléctrica seja principalmente atribuída a processos geoquímicos como a troca iónica, a troca inversa, a evaporação, a meteorização de silicatos, a interação rocha-água, a redução de sulfatos e os processos de oxidação. As figuras 3.7 e 3.8 mostram a variação espacial da condutividade eléctrica nas estações pré e pós-monção da área de estudo. A condutividade elevada está relacionada com o total de iões na água, pelo que o tratamento deve ser efectuado quer por neutralização (excesso de ácido-base), quer por precipitação e depois filtração ou por extração de metais.

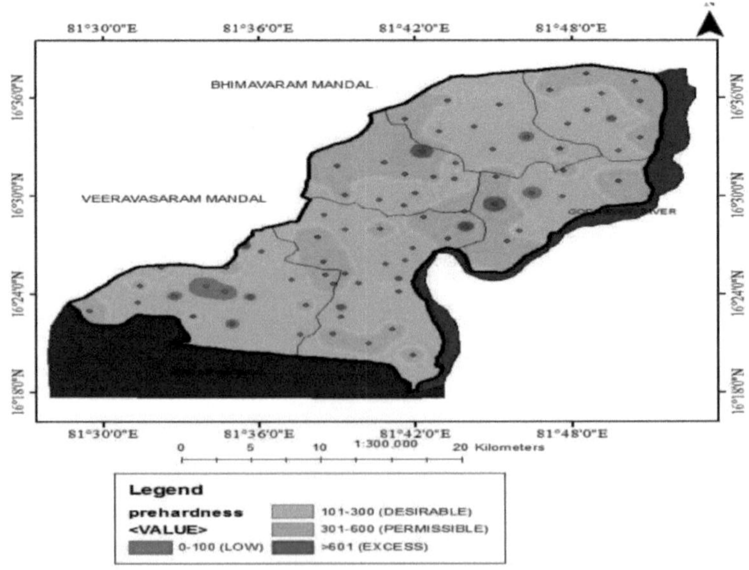

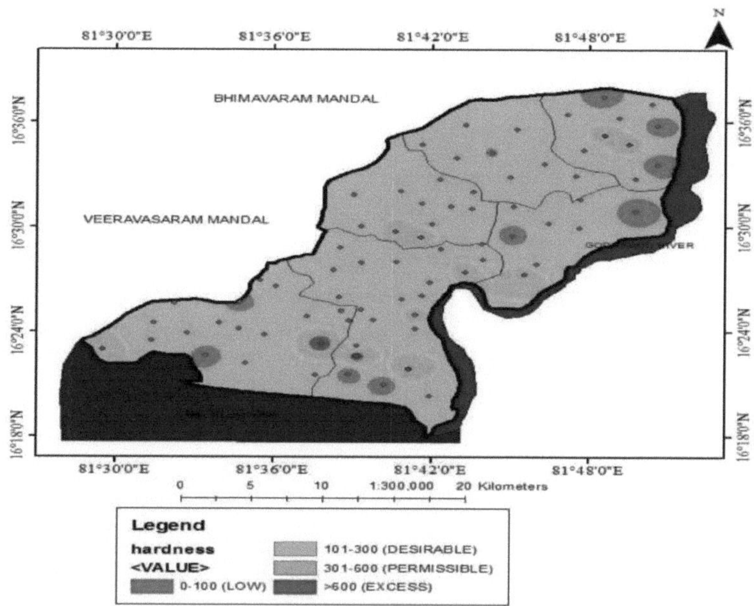

Figura 3.9: Distribuição espacial da dureza total na pré-monção

Figura 3.10: Distribuição espacial da dureza total na pós-monção

DUREZA TOTAL: A dureza total é um indicador da hidrogeologia e da qualidade estética das águas subterrâneas. A dureza descreve a capacidade da água de precipitar um resíduo insolúvel aquando da utilização de sabão. A dureza da água não é um parâmetro de poluição, mas indica a qualidade da água principalmente em termos de cálcio e magnésio. A dureza é definida como a concentração de cálcio e magnésio dissolvidos, expressa numa quantidade equivalente de carbonato de cálcio. A água com excesso de dureza não é desejável para consumo doméstico, pois forma escamas nos aquecedores de água e nos utensílios quando utilizada para cozinhar e consome mais sabão na lavagem da roupa. O intervalo de dureza total (mg/l) foi de 69 a 399 mg/l durante a pré-monção, durante a pós-monção os valores de dureza total foram de 126 a 1189 mg/l. O limite desejável para a dureza total é de 300mg/l; o limite admissível é de 600mg/l (normas IS10500). A área de estudo está rodeada por uma zona agrícola onde a atividade agrícola e a utilização de fertilizantes é muito elevada ao longo do ano e onde a aquacultura é excessiva. É possível a infiltração de fertilizantes, especialmente NO^{3-}, PO_4^{3-}, dos campos agrícolas para o aquífero, resultando na contaminação da água do poço. Na área de estudo, é provável que o aquífero subterrâneo seja recarregado pela água da chuva e pela água do canal e contaminado pela infiltração de águas residuais dos campos de arroz e dos camarões, tanques de peixe que contêm catiões como K^+, NH_4^+, e Ca^{2+} e aniões como Cl^-, PO_4^{3-}, SO_4^{2-} e NO_3^-. Os sais solúveis do solo podem atingir as águas subterrâneas durante a infiltração lenta da chuva ou da água do canal. As condições geológicas na área de estudo também podem contribuir para diferentes teores de sais. Observações semelhantes foram relatadas em estudos anteriores por Prem Singh *et al.* e Kiran Mehata, que afirmaram o impacto da atividade agrícola na qualidade das águas subterrâneas. As figuras 3.9 e 3.10 mostram a variação espacial da dureza total nas estações pré e pós-monção da área de estudo. Alguns tipos de dureza da água subterrânea podem ser removidos simplesmente fervendo a água. Métodos de tratamento da água como a osmose inversa, a permuta iónica ou os filtros oxidantes podem ser utilizados para reduzir outros tipos de dureza da água. Com o processo de permuta iónica, a água é bombeada através de um tanque que contém uma resina que faz com que os iões de cálcio e magnésio sejam trocados por iões de sódio ou potássio. Se for utilizado o processo de permuta iónica para o tratamento, deve ser mantido um abastecimento de água separado, não amaciado, para beber e cozinhar.

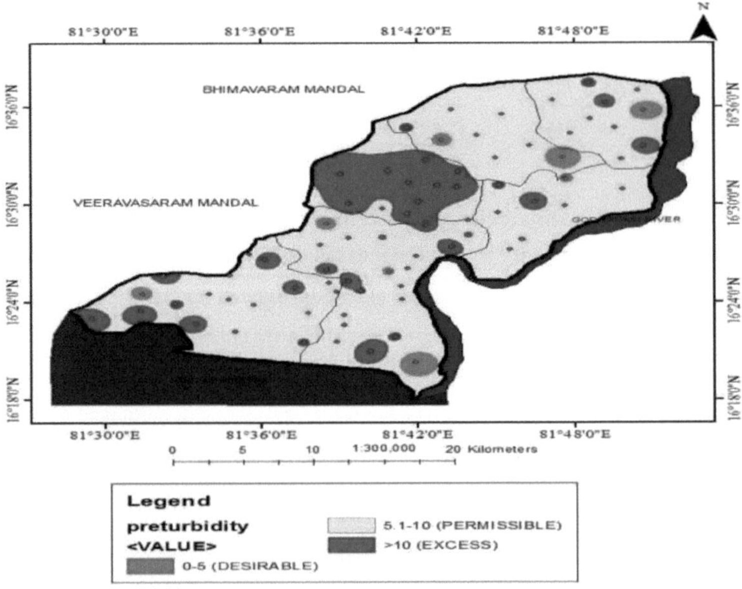

Figura 3.11: Distribuição espacial da turbidez na pré-monção

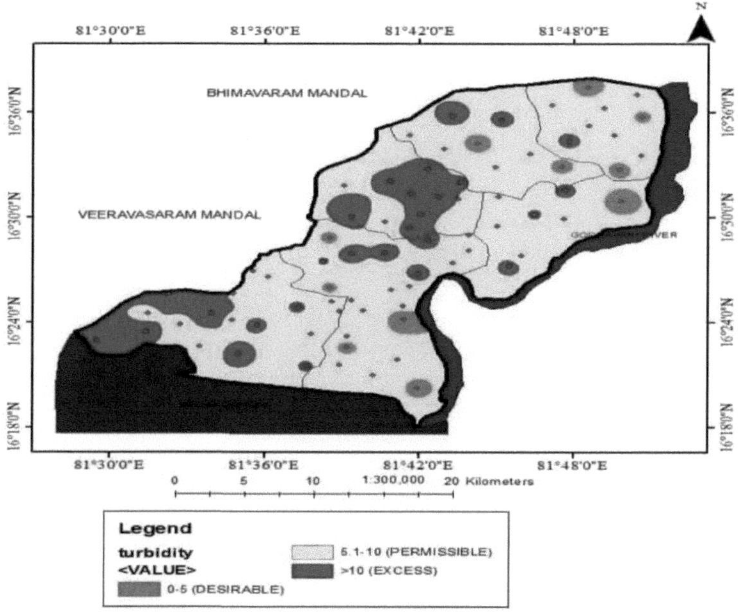

Figura 3.12: Distribuição espacial da turbidez na pós-monção

TURBIDEZ: A turvação é causada pela presença de partículas em suspensão. A turvação não tem efeitos sobre a saúde, mas pode interferir com a desinfeção e proporcionar um meio para o crescimento microbiano. O intervalo de turbidez (NTU) foi de 0,5 a 4,3 durante a pré-monção, durante a pós-monção os valores de turbidez foram de 1,2 a 4,1. A turbidez mínima foi observada em Raavigoppu (1,2 NTU) e a máxima em Velivela (4,7 NTU). O limite desejável de turvação é de 5 NTU; o limite admissível é de 10 NTU (normas IS10500). Todas as amostras de água apresentam valores inferiores ao limite desejável. O aumento da turvação pode ser atribuído à forte erosão do solo nas bacias hidrográficas próximas e à contribuição maciça de sólidos em suspensão provenientes dos canais de esgotos. Outra razão para este aumento pode também dever-se ao escoamento superficial e aos resíduos domésticos. Resultados semelhantes foram registados por Khanna *et al.*, no seu estudo sobre a qualidade da água do canal Ganga em Haridwar, Bhuvaneshwari e Devika na água do rio Coovam. As figuras 3.11 e 3.12 mostram a variação espacial da turbidez nas estações pré e pós-monção da área de estudo. O tratamento da turbidez da água é geralmente efectuado por filtração e é um método bem estabelecido e eficaz. Os outros métodos são os seguintes: a água é deixada assentar e é depois seguida de filtração para remover qualquer floco em suspensão. Nalguns casos, a água deve ser suavemente agitada para que o floco se forme. Um método muito eficaz para remover a turvação é com sistemas de membranas de osmose inversa ("RO") ou ultrafiltração ("UF").

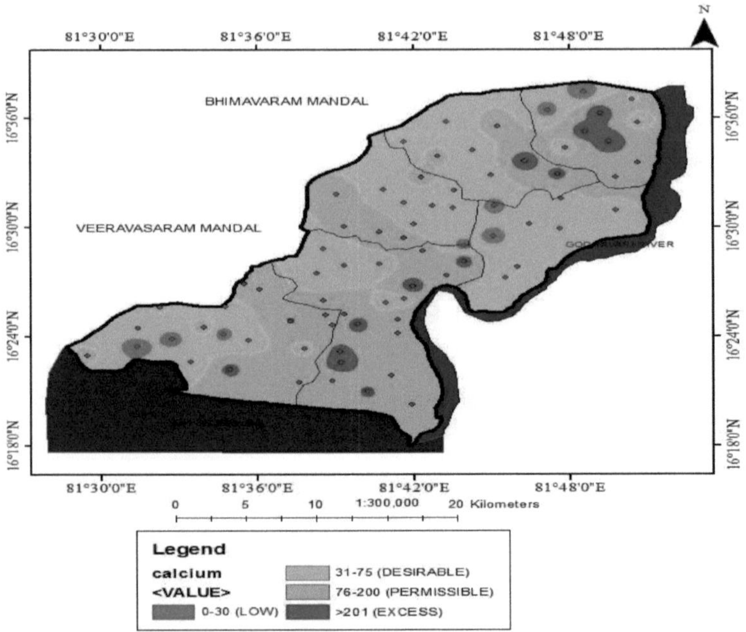

Figura 3.13: Distribuição espacial do cálcio na pré-monção

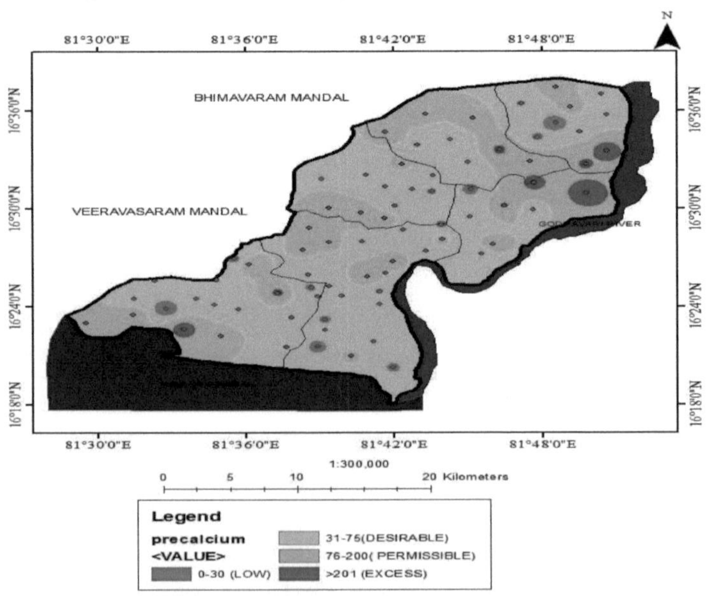

Figura 3.14: Distribuição espacial do cálcio na pós-monção

CÁLCIO: O cálcio é um elemento alcalinoterroso naturalmente abundante e é comum em rochas e solos. É geralmente o catião mais abundante em sistemas de águas subterrâneas não contaminados, podendo ser encontrado particularmente em contacto com calcário, dolomite, gesso ou arenitos que contêm carbonato de cálcio. O cálcio é também essencial para o crescimento saudável dos ossos e desempenha um papel importante nos sistemas biológicos. A insuficiência de cálcio provoca raquitismo grave; o excesso provoca concreções no corpo, como pedras nos rins ou na bexiga, e irritação das vias urinárias. O cálcio encontra-se em muitos resíduos urbanos e industriais e em efluentes de esgotos. O cálcio é a principal causa da dureza da água e resulta na formação de incrustações nas canalizações e nos recipientes de água. As concentrações de cálcio não limitam a utilização de águas subterrâneas para irrigação ou água de armazenagem. O intervalo de cálcio foi de 11,2 a 160,7 mg/l durante a pré-monção, durante a pós-monção os valores de cálcio foram de 38,2 a 160,8 mg/l. O valor mínimo de cálcio foi observado em Kottata (32,8 mg/l), o valor máximo foi observado em Gummaluru (146,6 mg/l). O limite desejável de cálcio é de 75mg/l; o limite admissível é de 200mg/l (normas IS10500). O valor mais elevado é atribuído principalmente à disponibilidade de pedra de cal em menor percentagem na zona. Consequentemente, a maior solubilidade dos iões de cálcio pode também ser uma das razões para apresentar um valor ligeiramente mais elevado para o cálcio. As figuras 3.13-3.14 mostram a variação espacial do cálcio nas estações pré e pós-monção da área de estudo. O cálcio, tal como toda a dureza, pode ser removido com um simples permutador catiónico de sódio (amaciador). A Osmose Inversa removerá 95% - 98% do cálcio na água. A eletrodiálise e a ultrafiltração também removem o cálcio.

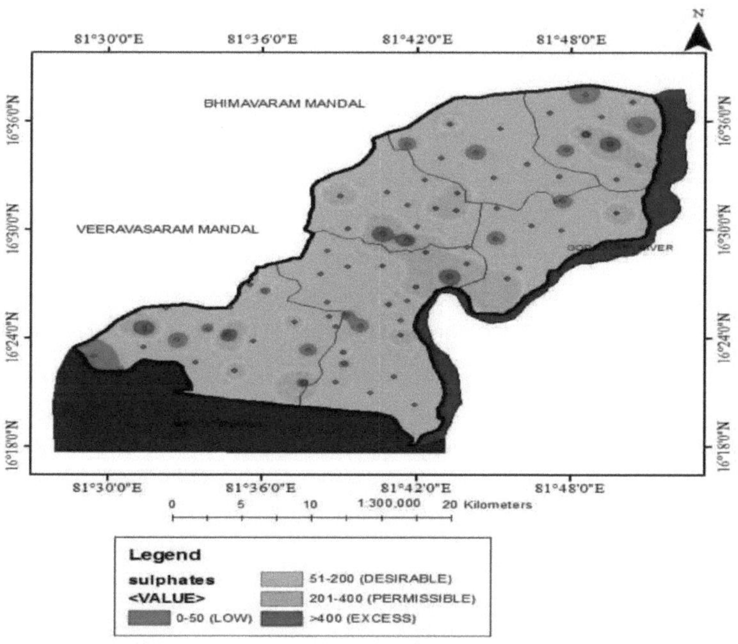

Figura 3.15: Distribuição espacial dos sulfatos na pré-monção

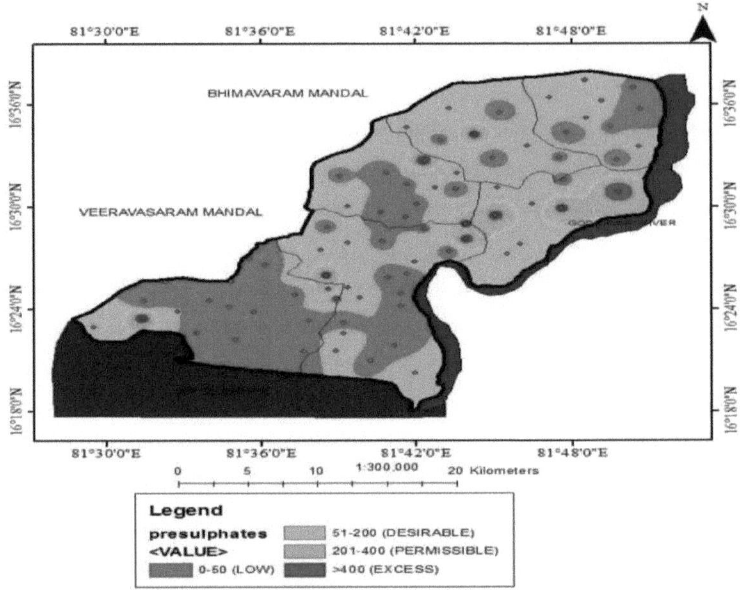

Figura 3.16: Distribuição espacial dos sulfatos na pós-monção

SULFATOS: O sulfato é encontrado em pequenas quantidades nas águas subterrâneas. O sulfato pode entrar nas águas subterrâneas através de adições industriais ou antropogénicas sob a forma de fertilizantes sulfatados. Os sulfatos ocorrem em águas naturais em concentrações até 50 mg/l e concentrações de 1000 mg/l podem ser encontradas na água em contacto com certas formações geológicas como a pirite, a lignite e o carvão. O sulfato é um anião importante na maioria das águas subterrâneas. As fontes naturais mais comuns de sulfato são a oxidação de minerais de sulfureto de ferro no carvão ou xisto, e a dissolução de gesso ou anidrite em estratos carbonatados. Uma concentração elevada de sulfato na água potável provoca irritação gastrointestinal, podendo o Mg ou o Na ter um efeito catártico nos consumidores. Está também associado a doenças respiratórias. A concentração de sulfato variou de 14 a 140 mg/l durante a pré-monção, durante a pós-monção os valores de sulfato foram de 11 a 96 mg/l. O valor mínimo foi observado em Koderu (15 mg/l) e o máximo foi observado em Ilapakurru (101 mg/l). O limite desejável de sulfato é de 200 mg/l; o limite admissível é de 400 mg/l (normas IS10500).

Observou-se uma variação significativa entre as amostras de água, em que o sulfato mais baixo foi observado no verão, uma vez que os níveis de oxigénio dissolvido eram ligeiramente inferiores aos da estação das chuvas, devido ao facto de as bactérias utilizarem o sulfato como oxigénio em condições anaeróbias. As figuras 3.15 e 3.16 mostram a variação espacial dos sulfatos nas estações pré e pós-monção da área de estudo. O método mais comum para remover altas concentrações de sulfato da água é através da adição de cal hidratada (Ca(OH)$_2$), que precipita o sulfato de cálcio. Para o tratamento de pequenas quantidades de água (apenas para beber e cozinhar), os métodos típicos podem ser a destilação ou a osmose inversa. O método mais comum de tratamento de grandes quantidades de água é a troca iónica. Este processo funciona de forma semelhante a um amaciador de água. A resina de permuta iónica, contida no interior da unidade, absorve o sulfato. Quando a resina está totalmente carregada de sulfato, o tratamento é interrompido. A resina tem então de ser "regenerada" com uma solução salina de sal (cloreto de sódio) antes de se poder efetuar um novo tratamento. A destilação ferve a água para formar vapor que é depois arrefecido e recondensa a água. Os minerais, como o sulfato, não se evaporam com o vapor e ficam na câmara de ebulição. As membranas de osmose inversa têm uma porosidade que permite a passagem das moléculas de água, mas deixa os grandes iões em solução.

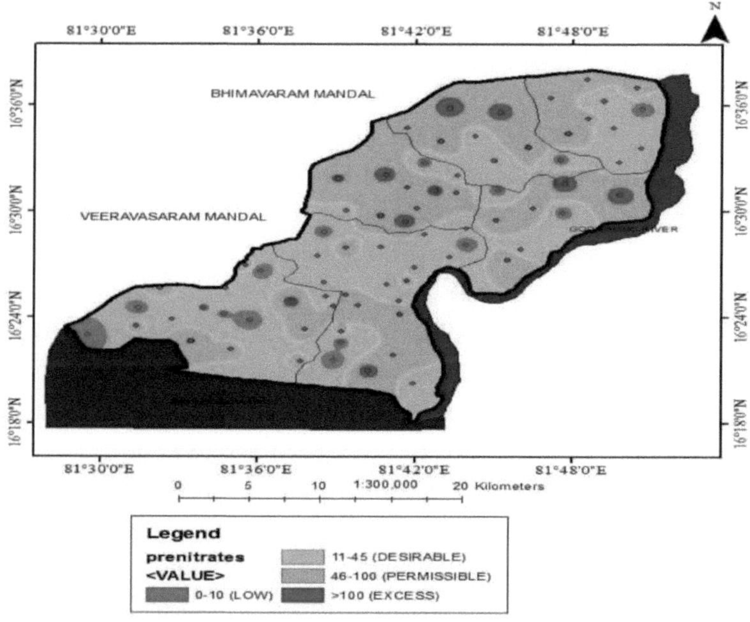

Figura 3.17: Distribuição espacial dos nitratos na pré-monção

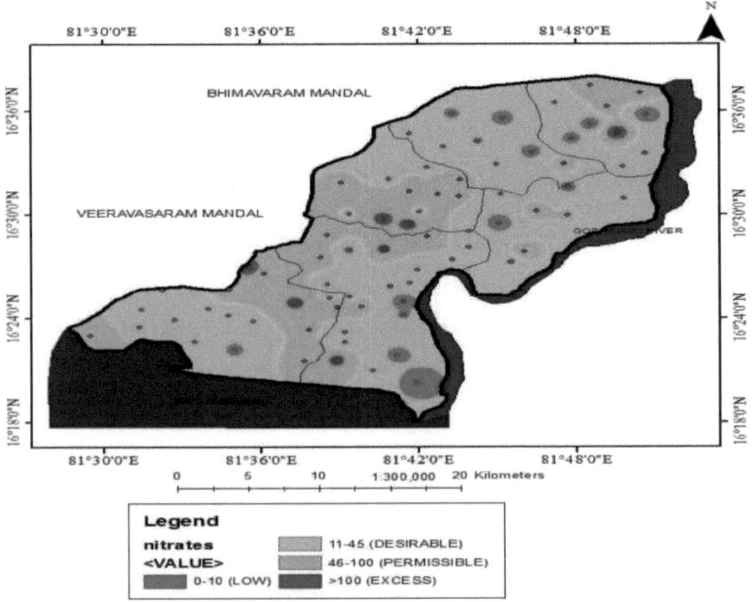

Figura 3.18: Distribuição espacial dos nitratos na pós-monção

NITRATOS: O nitrato é a forma mais comum de azoto nas águas subterrâneas. Os nitratos encontram-se geralmente em concentrações muito baixas na água. Por vezes, formam-se nos sistemas de distribuição de água quando a monocloramina é utilizada como desinfetante residual. A monitorização dos nitratos é difícil porque a sua formação ocorre no sistema de distribuição. O nitrato é um indicador de variações sazonais associadas à recarga e lixiviação de fertilizantes nitrados, contaminação por resíduos animais ou humanos. Concentrações elevadas de nitratos na água potável podem causar metemoglobinemia (Síndrome do Bebé Azul), em que a capacidade do sangue para transportar oxigénio é prejudicada. Os níveis elevados de nitratos geralmente não afectam negativamente as crianças mais velhas ou os adultos, mas podem ser fatais para os bebés. Uma concentração elevada de nitratos nas águas subterrâneas sugere a presença de outros contaminantes agrícolas ou residenciais graves, como pesticidas ou bactérias. A concentração de nitratos na área de estudo varia entre 2 e 11 mg/l durante a pré-monção, e durante a pós-monção os valores de nitratos variam entre 1 e 15 mg/l. Todas as amostras de água estão bem dentro do limite desejável de 45m/l, o limite permitido é de 100mg/l (normas IS 10500). As figuras 3.17 e 3.18 mostram a variação espacial dos nitratos nas estações pré e pós-monção da área de estudo. Para lidar com o problema dos nitratos nas águas subterrâneas, existem duas opções para atingir níveis seguros de nitratos. Em primeiro lugar, existem técnicas de não tratamento que consistem na mistura de águas potáveis ou na mudança de fontes de água. A segunda alternativa é a utilização de processos de tratamento, como a

46

permuta iónica, a osmose inversa, a desnitrificação biológica e a redução química para remover efetivamente partes do poluente. No entanto, o aspeto mais importante a ter em conta sobre estes procedimentos de limpeza é que nenhum destes métodos é completamente eficaz na remoção de todo o azoto da água. O tratamento pode remover parte do nitrato, mas com eficiências variáveis, muito das quais podem depender de outras substâncias encontradas na água. Os processos de não tratamento tentam reduzir a concentração de nitratos para um nível mais seguro, através da mistura com águas mais limpas.

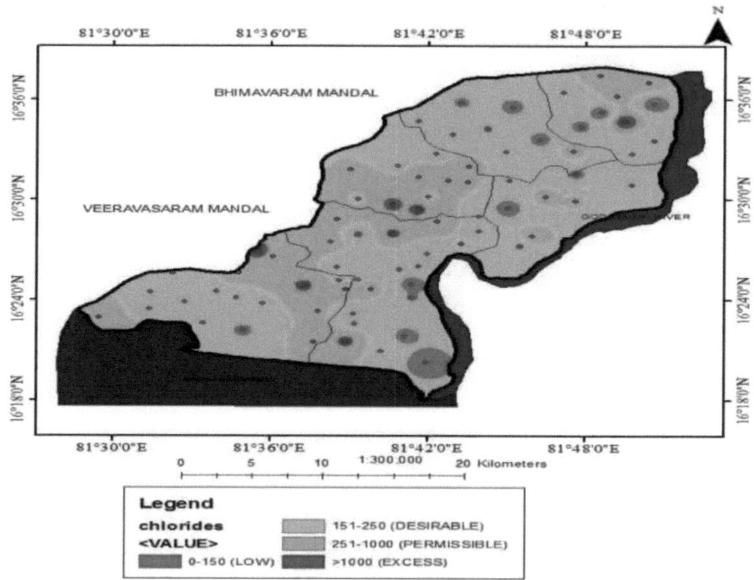

Figura 3.19: Distribuição espacial dos cloretos na pré-monção

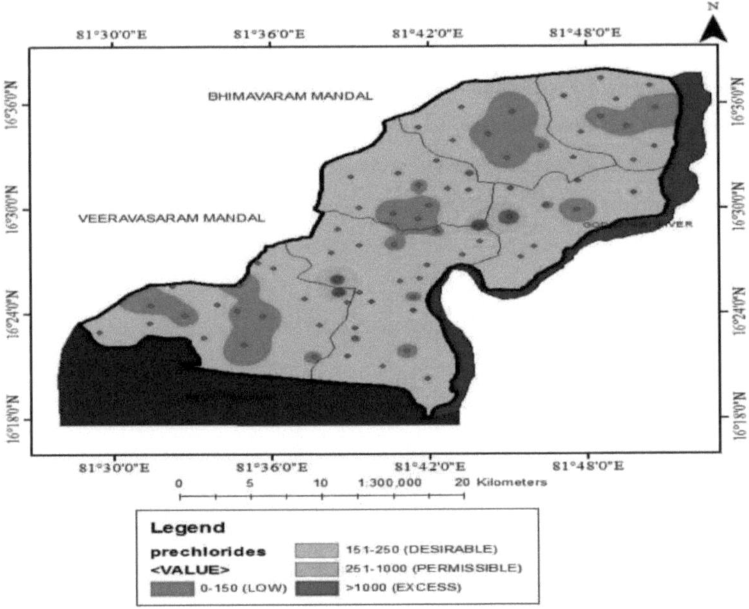

Figura 3.20: Distribuição espacial dos cloretos na pós-monção

CLORETOS: O cloreto é um dos aniões mais comuns em águas subterrâneas não contaminadas. A maioria dos solos, rochas e minerais contém pequenas quantidades de cloreto, assim como a água salgada de salinas ou descargas de sistemas de fluxo de águas subterrâneas profundas. O cloreto é um indicador de contaminação das águas subterrâneas com resíduos animais ou humanos. Concentrações elevadas de cloretos indicam poluição orgânica. O cloreto é muito móvel nas águas subterrâneas e não é facilmente removido por processos inorgânicos ou biológicos. O excesso de cloretos pode ser devido a actividades antropogénicas, como efluentes de fossas sépticas, utilização de agentes branqueadores por pessoas próximas de poços. Pequenas quantidades de cloreto são necessárias para o funcionamento normal das células nas plantas e nos animais. Concentrações mais elevadas podem corroer tubagens e válvulas metálicas, aumentar as concentrações de metais na água e afetar o sabor dos alimentos. Não existem ameaças significativas para a saúde associadas a concentrações moderadas de cloreto na água potável. A concentração de cloretos na área de estudo varia entre 35 e 756 mg/l durante a pós-monção, durante a pré-monção os valores de cloretos foram de 67 a 601 mg/l. O limite padrão para os cloretos é de 250-1000 mg/l (normas IS10500). Os dados sazonais mostram que, durante o período de estudo, o teor de cloretos foi elevado durante a estação pré-monção. Isto pode dever-se à diminuição da quantidade de água e também a temperaturas elevadas que aumentam o processo de decomposição, tal como referido por Zafar, A. e Sultana, N. Uma observação semelhante foi feita por Chaturvedi, J, Pondey N K. no seu estudo. As figuras 3.19-3.20 mostram a variação espacial dos cloretos nas estações pré e pós-monção da área de estudo. Os cloretos podem ser facilmente removidos da água através de um sistema de osmose inversa ou de um destilador. A osmose inversa funciona através da passagem da água por uma membrana semipermeável que separa a água pura numa corrente e a água salgada noutra corrente. Na osmose inversa, a aplicação de uma pressão superior à pressão osmótica inverte o fluxo de água de concentrações mais elevadas para concentrações muito mais baixas, produzindo água pura. Os destiladores, por outro lado, utilizam a evaporação e a condensação para separar a água pura e fresca dos seus contaminantes.

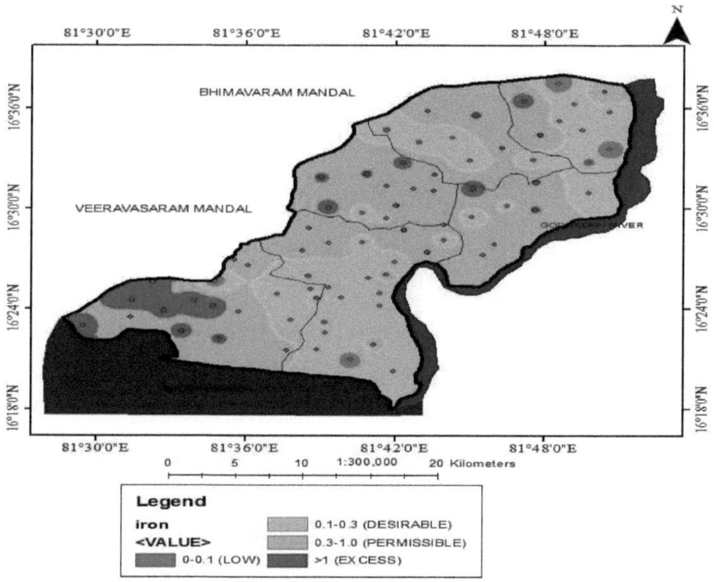

Figura 3.21: Distribuição espacial do ferro na pré-monção

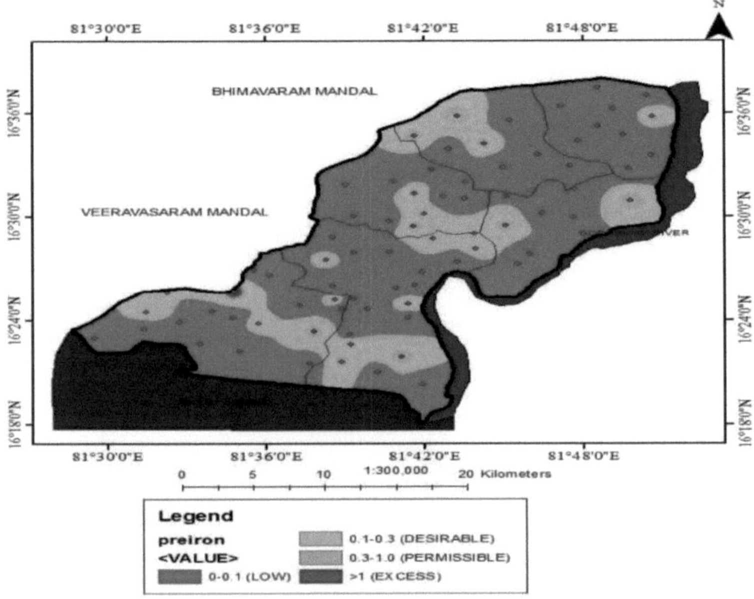

Figura 3.22: Distribuição espacial do ferro na pós-monção

FERRO: O ferro é abundante na crosta terrestre e afecta consideravelmente o sabor e a cor da qualidade da água. O ferro é um metal que ocorre naturalmente e está amplamente presente nos solos, rochas e águas subterrâneas. O ferro dissolvido pode existir tanto no estado oxidado (férrico) como no estado reduzido (ferroso). Em valores normais de pH da água subterrânea, o ferro férrico é rapidamente precipitado como óxido de ferro, hidróxido de ferro, oxi-hidróxido de ferro (ferrugem) ou material pouco cristalino a amorfo. Em condições reduzidas, o ferro ferroso é estável e permanecerá dissolvido na água subterrânea. Quando o pH é baixo, como no caso da drenagem ácida de minas, podem ocorrer quantidades substanciais de ferro na água. Em concentrações superiores a 0,3 mg/l, o ferro pode manchar as canalizações e o vestuário. O ferro confere um sabor desagradável à água em concentrações superiores a 1 mg/l e constitui um problema para muitas utilizações industriais, tais como o processamento de alimentos, o fabrico de papel e a produção de cerveja nessas concentrações. O ferro é um elemento essencial para o metabolismo dos animais e das plantas e é vital para o transporte de oxigénio no sangue. A concentração de ferro na área de estudo varia entre 0,1 e 0,9 mg/l durante a pré-monção, e durante a pós-monção os valores de ferro foram de 0,12 a 0,98 mg/l. O valor médio do ferro na zona de estudo foi de 0,42 mg/l. Alguns locais apresentaram valores de ferro para além do limite desejável de 0,3 mg/l, sendo o limite admissível de 1 mg/l (normas IS10500). De um modo geral, observa-se que a concentração elevada de ferro está maioritariamente associada a poços relativamente pouco profundos. A presença de uma concentração mais elevada de ferro não é adequada para o processamento de alimentos, bebidas, gelo, tinturaria, branqueamento e muitos outros produtos. As figuras 3.21 e 3.22 mostram a variação espacial do ferro nas estações pré e pós-monção da área de estudo. A remoção do ferro por oxidação e filtração é o método mais comum de controlo do excesso de ferro nas águas subterrâneas. Existem muitos métodos para oxidar o ferro, incluindo o amolecimento com cal ou a utilização de agentes como o dióxido de cloro (ClO_2), o ozono (O_3) ou o permanganato de potássio ($KMnO_4$). No entanto, o método mais económico, mais ecológico e mais utilizado para oxidar o ferro é a aeração. Após a fase de oxidação, o material precipitado ($Fe(OH)_3$) deve ser removido da água, quer por filtração quer por sedimentação seguida de filtração. Existem muitas tecnologias de filtração que podem ser utilizadas para remover o ferro oxidado da água, incluindo filtros de aço, filtros de tela em camadas, filtros de disco, filtros de meios profundos, fibras têxteis e filtros de cartucho.

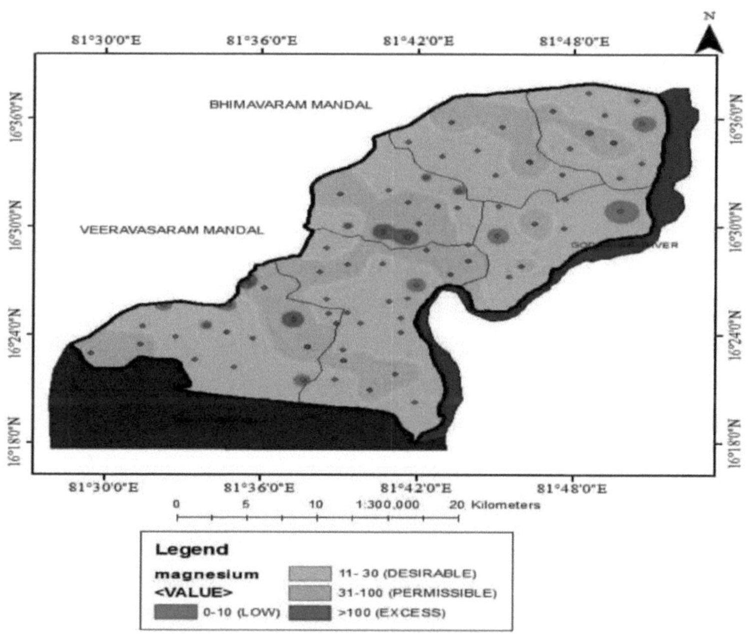

Figura 3.23: Distribuição espacial do magnésio na pré-monção

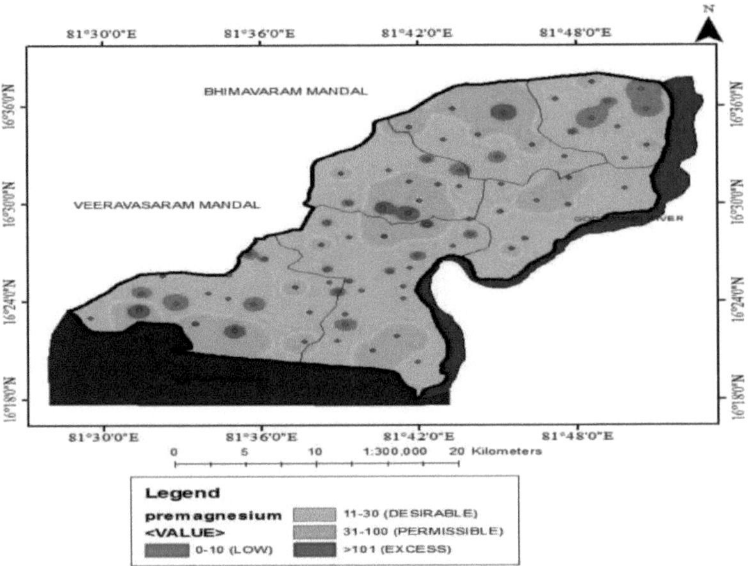

Figura 3.24: Distribuição espacial do magnésio na pós-monção

MAGNÉSIO: O magnésio é um metal alcalinoterroso que é geralmente um dos catiões mais abundantes nas águas subterrâneas. É comum em rochas sedimentares, particularmente calcário, bem como em solos, e é essencial na nutrição de plantas e animais. O magnésio é geralmente um elemento de reação lenta, mas a reatividade aumenta com os níveis de oxigénio[2]. O magnésio é tóxico em concentrações mais elevadas. A dureza do magnésio associada ao ião sulfato tem um efeito laxante em pessoas não habituadas. A elevada concentração de magnésio afecta negativamente a utilização doméstica das águas. Concentrações elevadas de magnésio podem tornar as águas subterrâneas inaceitáveis para algumas utilizações domésticas. O magnésio variou de 9,4 a 112,5 mg/l durante a pré-monção, durante a pós-monção os valores de magnésio foram de 15,6 a 138,2 mg/l. O limite desejável de magnésio é de 30 mg/l; o limite admissível é de 100 mg/l (normas IS10500). A geoquímica dos tipos de rocha tem influência na concentração de magnésio nas águas subterrâneas. Uma concentração elevada de magnésio pode causar um efeito laxante. As figuras 3.23 e 3.24 mostram a variação espacial do magnésio nas estações pré e pós-monção da área de estudo. O método de tratamento mais comum para reduzir o magnésio na água potável é a troca iónica (amaciador de água). A troca iónica funciona bombeando a água através de um tanque que contém uma resina. Isto faz com que os iões de magnésio sejam trocados. Outro método de tratamento eficaz é a osmose inversa.

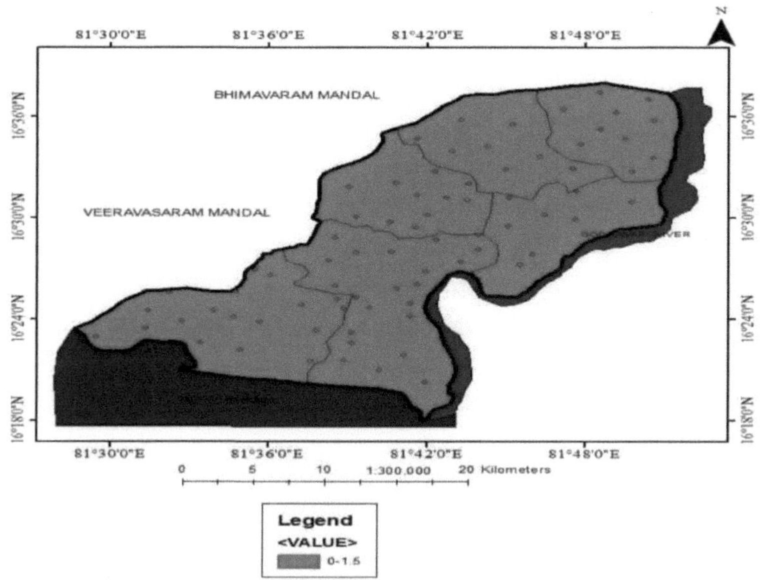

Figura 3.25: Distribuição espacial do fluoreto na pré-monção

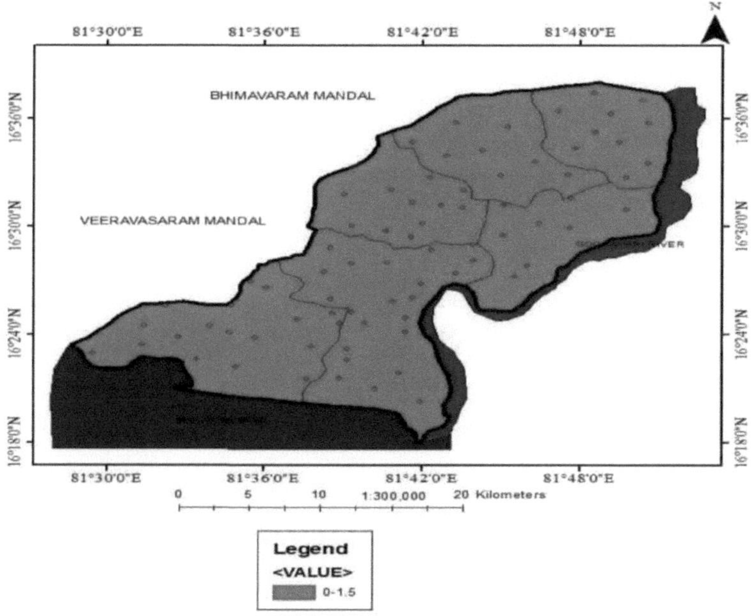

Figura 3.26: Distribuição espacial do fluoreto na pós-monção

FLUORETO: O fluoreto é um anião menor, normalmente presente em menos de 1 mg/l na água subterrânea. As fontes naturais de fluoreto incluem o fluoreto mineral, que é comum em rochas carbonatadas. As principais fontes de contaminação são as descargas de fertilizantes e instalações de produção de alumínio. O flúor é mais comum nas águas subterrâneas do que nas águas superficiais devido à meteorização de rochas portadoras de flúor, silicatos primários e minerais acessórios associados, como referido por Thaker *et al.* Devido ao valor comprovado do flúor na manutenção de dentes e ossos saudáveis, ele é adicionado à maioria dos abastecimentos públicos de água para manter uma concentração de aproximadamente 1mg/l na água de abastecimento público. O excesso de fluoreto na água potável pode levar a doenças como a fluorose dentária e a fluorose esquelética. A concentração de flúor na região de amostragem varia de 0,0 a 0,13 mg/l na pré-monção. Durante a pós-monção, os valores de fluoreto foram de 0 a 0,19 mg/l. Nenhuma das fontes de amostragem ultrapassou o limite máximo admissível de 1,5-1,9 mg/l (normas IS10500). As figuras 3.25 e 3.26 mostram a variação espacial do fluoreto nas estações pré e pós-monção da área de estudo.

Capítulo 4: Índice de qualidade da água

4.1 Variação do índice de qualidade da água

Os valores do Índice de Qualidade da Água (WQI) para a área de estudo durante as estações pré e pós-monção de 2016-17 são calculados e apresentados na Tabela 4.1 e na Tabela 4.2. A distribuição espacial do índice de qualidade da água nas estações pré e pós-monção foi apresentada nas figuras 4.1 e 4.2. Os dados indicam que os valores do IQA na área de estudo variaram entre 29 e 247 durante a estação pré-monção e entre 35 e 168 durante a estação pós-monção, respetivamente. Isto indica que o intervalo é muito significativo no que respeita à potabilidade e à qualidade das águas subterrâneas. De acordo com os resultados obtidos durante as estações pré e pós-monção, deduziu-se que apenas uma localização "Siddhantam" apresenta uma excelente qualidade de água subterrânea para consumo. A distribuição espacial durante a pré e a pós-monção mostra que alguns locais em 'Achanta' mandal também possuem água de excelente qualidade e alguns locais em 'Narsapuram' mandal também mostram água de excelente qualidade. Os diagramas de distribuição espacial mostram que a maior parte da área de estudo apresenta uma má qualidade da água (intervalo 5175), mas alguns locais como Gadiparru, Vadlavanipalem e Velivela apresentam valores de IQA superiores a 200, o que sugere que as águas subterrâneas não são seguras para potabilidade e outros fins. Este facto pode ser observado a vermelho nas figuras 4.1 e 4.2. A Figura 4.3 mostra uma representação gráfica comparativa do IQA das águas subterrâneas em diferentes locais da área de estudo durante o período de estudo. A maioria das estações tem águas subterrâneas de categorias muito pobres e inadequadas com qualidade de água variando de 75 a 100 e >100, respetivamente.

Tabela 4.1: Valores do IQA para a área de estudo durante a pré-monção

S.NO.	Localização da amostra de água	Índice de qualidade da água	Classificação de acordo com a W.Q.I.
1	Perupalem	197	Impróprio para beber
2	Poduru	199	Impróprio para beber
3	Gondimula	149	Impróprio para beber
4	Dharbarevu	125	Impróprio para beber
5	Thurputallu	124	Impróprio para beber
6	Vemuladeevi	129	Impróprio para beber
7	Nallipeta	77	Qualidade da água muito má
8	Lakshmaneswaram	100	Qualidade da água muito má
9	Linganaboinacherla	78	Qualidade da água muito má
10	Yenuguvanil anka	173	Impróprio para beber
11	Saripalle	126	Impróprio para beber

12	Pasaladeevi	128	Impróprio para beber
13	Chamakuripalem	103	Impróprio para beber
14	Chittavaram	105	Impróprio para beber
15	Narsapur	97	Qualidade da água muito má
16	Rustumbada	125	Impróprio para beber
17	Royapeta	149	Impróprio para beber
18	Mallavaram	147	Impróprio para beber
19	Likhithapudi	174	Impróprio para beber
20	Kopporru	150	Impróprio para beber
21	Siragalapalli	196	Impróprio para beber
22	Modi	173	Impróprio para beber
23	Marrithippa	220	Impróprio para beber
24	Mutyalapalli	243	Impróprio para beber
25	Kottata	196	Impróprio para beber
26	Kalipatnam	174	Impróprio para beber
27	Medapadu	127	Impróprio para beber
28	Mogalturu	105	Impróprio para beber
29	Seripalem	174	Impróprio para beber
30	Ramannapalem	173	Impróprio para beber
31	Serepalem	149	Impróprio para beber
32	Seetharamapuram Sul	78	Qualidade da água muito má
33	Seetharamapuram Norte	80	Qualidade da água muito má
34	Yeramsettypalam	127	Impróprio para beber
35	Varathippa	223	Impróprio para beber
36	Komatithippa	220	Impróprio para beber
37	Kummarapurugupalem	149	Impróprio para beber
38	Navarasapuram	197	Impróprio para beber
39	Pathapadu	197	Impróprio para beber
40	Agarru	99	Qualidade da água muito má
41	Gorintada	129	Impróprio para beber
42	Baggeswaram	174	Impróprio para beber
43	Chandaparru	198	Impróprio para beber
44	Gadiparru	247	Impróprio para beber
45	Achanta	220	Impróprio para beber
46	Digamarru	172	Impróprio para beber

47	Lankalakoderu	198	Impróprio para beber
48	Pallakollu	151	Impróprio para beber
49	Pulapalli	175	Impróprio para beber
50	Sagamcheruvu	196	Impróprio para beber
51	Sivadevunichikkala	198	Impróprio para beber
52	Ullamparru	149	Impróprio para beber
53	Vadlavanipalem	221	Impróprio para beber
54	Velivela	220	Impróprio para beber
55	Kodamanchili	125	Impróprio para beber
56	Valluru	74	Má qualidade da água
57	Vedangi	77	Qualidade da água muito má
58	Kalagampudi	149	Impróprio para beber
59	Pedamallam	174	Impróprio para beber
60	Kavitam	172	Impróprio para beber
61	Kommuchikkala	78	Qualidade da água muito má
62	Bolletigunta	100	Qualidade da água muito má
63	Penumadam	78	Qualidade da água muito má
64	Koderu	123	Impróprio para beber
65	Penumachili	127	Impróprio para beber
66	Vennapuvaripalem	126	Impróprio para beber
67	Gummaluru	150	Impróprio para beber
68	Penumarru	197	Impróprio para beber
69	Miniminchilipadu	196	Impróprio para beber
70	Raavigoppu	98	Qualidade da água muito má
71	Siddhantam	24	Excelente qualidade da água
72	Ilapakurru	99	Qualidade da água muito má
73	Utada	97	Qualidade da água muito má
74	Gondimula	55	Má qualidade da água
75	Godavaripet	31	Boa qualidade da água
76	Linupallipalem	198	Impróprio para beber
77	Bhemalapuram	55	Má qualidade da água

Tabela 4.2: Valores do IQA para a área de estudo durante a pós-monção

S.NO.	Localização da amostra de água	Índice de qualidade da água	Classificação de acordo com a W.Q.I.
1	Perupalem	115	Impróprio para beber

2	Poduru	110	Impróprio para beber
3	Gondimula	158	Impróprio para beber
4	Dharbarevu	141	Impróprio para beber
5	Thurputallu	140	Impróprio para beber
6	Vemuladeevi	81	Qualidade da água muito má
7	Nallipeta	105	Impróprio para beber
8	Lakshmaneswaram	60	Má qualidade da água
9	Linganaboinacherla	56	Má qualidade da água
10	Yenuguvanil anka	120	Impróprio para beber
11	Saripalle	73	Má qualidade da água
12	Pasaladeevi	151	Impróprio para beber
13	Chamakuripalem	120	Impróprio para beber
14	Chittavaram	105	Impróprio para beber
15	Narsapur	91	Qualidade da água muito má
16	Rustumbada	77	Qualidade da água muito má
17	Royapeta	84	Qualidade da água muito má
18	Mallavaram	85	Qualidade da água muito má
19	Likhithapudi	125	Impróprio para beber
20	Kopporru	130	Impróprio para beber
21	Siragalapalli	136	Impróprio para beber
22	Modi	140	Impróprio para beber
23	Marrithippa	167	Impróprio para beber
24	Mutyalapalli	133	Impróprio para beber
25	Kottata	140	Impróprio para beber
26	Kalipatnam	106	Impróprio para beber
27	Medapadu	74	Má qualidade da água
28	Mogalturu	70	Má qualidade da água
29	Seripalem	96	Qualidade da água muito má
30	Ramannapalem	106	Impróprio para beber
31	Serepalem	103	Impróprio para beber
32	Seetharamapuram Sul	57	Má qualidade da água
33	Seetharamapuram Norte	56	Má qualidade da água
34	Yeramsettypalam	76	Qualidade da água muito má
35	Varathippa	138	Impróprio para beber
36	Komatithippa	144	Impróprio para beber

37	Kummarapurugupalem	124	Impróprio para beber
38	Navarasapuram	114	Impróprio para beber
39	Pathapadu	112	Impróprio para beber
40	Agarru	70	Má qualidade da água
41	Gorintada	148	Impróprio para beber
42	Baggeswaram	164	Impróprio para beber
43	Chandaparru	154	Impróprio para beber
44	Gadiparru	160	Impróprio para beber
45	Achanta	120	Impróprio para beber
46	Digamarru	139	Impróprio para beber
47	Lankalakoderu	114	Impróprio para beber
48	Pallakollu	96	Qualidade da água muito má
49	Pulapalli	103	Impróprio para beber
50	Sagamcheruvu	160	Impróprio para beber
51	Sivadevunichikkala	115	Impróprio para beber
52	Ullamparru	118	Impróprio para beber
53	Vadlavanipalem	121	Impróprio para beber
54	Velivela	126	Impróprio para beber
55	Kodamanchili	76	Qualidade da água muito má
56	Valluru	53	Má qualidade da água
57	Vedangi	55	Má qualidade da água
58	Kalagampudi	91	Qualidade da água muito má
59	Pedamallam	118	Impróprio para beber
60	Kavitam	168	Impróprio para beber
61	Kommuchikkala	116	Impróprio para beber
62	Bolletigunta	119	Impróprio para beber
63	Penumadam	58	Má qualidade da água
64	Koderu	127	Impróprio para beber
65	Penumachili	83	Qualidade da água muito má
66	Vennapuvaripalem	82	Qualidade da água muito má
67	Gummaluru	88	Qualidade da água muito má
68	Penumarru	109	Impróprio para beber
69	Miniminchilipadu	115	Impróprio para beber
70	Raavigoppu	67	Má qualidade da água
71	Siddhantam	25	Excelente qualidade da água

72	Ilapakurru	136	Impróprio para beber
73	Utada	142	Impróprio para beber
74	Gondimula	44	Boa qualidade da água
75	Godavaripet	130	Impróprio para beber
76	Linupallipalem	116	Impróprio para beber
77	Bhemalapuram	39	Boa qualidade da água

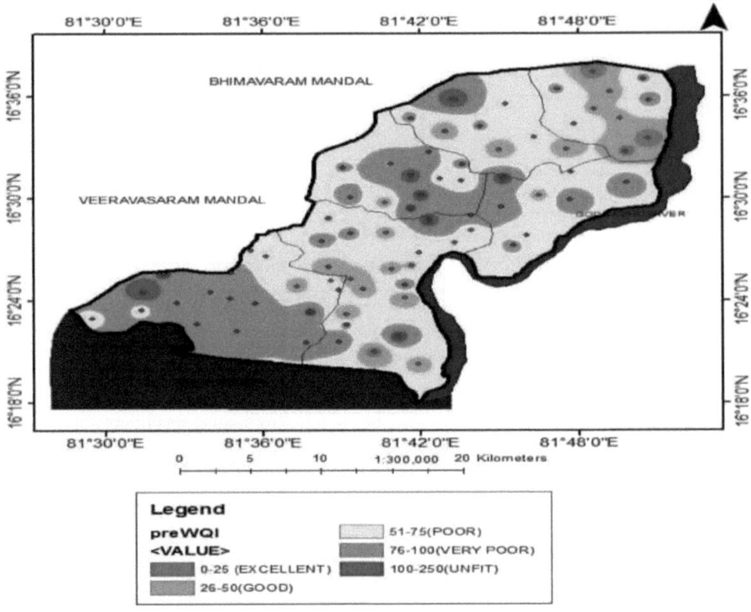

Figura 4..1: Classificação do IQA para a área de estudo na pré-monção

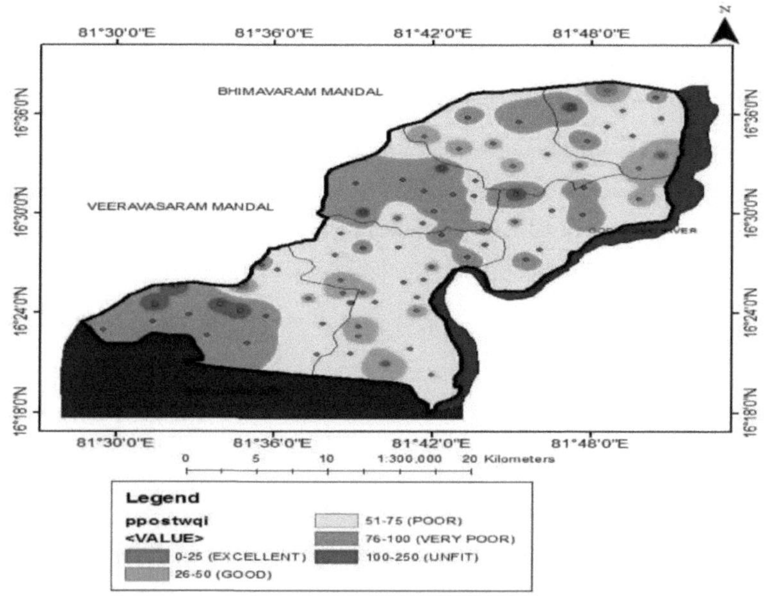

Figura 4.2: Classificação do IQA para a área de estudo na pós-monção

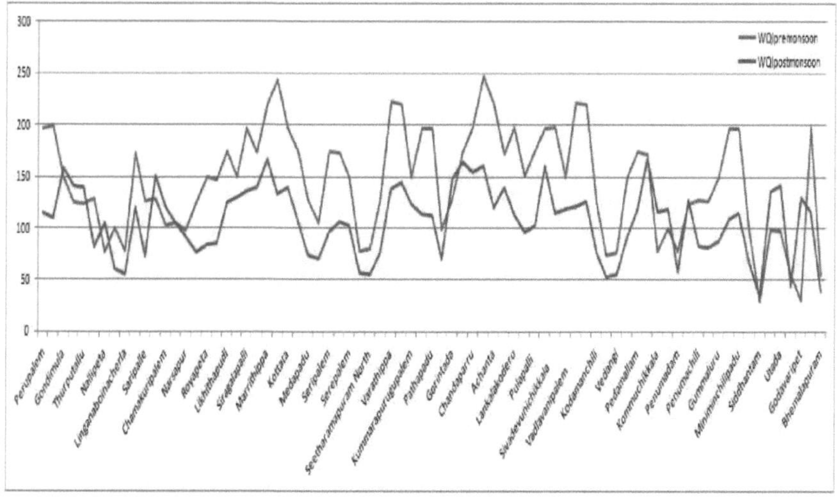

Figura 4.3: Representação gráfica comparativa do IQA das águas subterrâneas em diferentes locais da área de estudo

4.2 Estudos de aptidão para a irrigação

Os factores importantes que influenciam a qualidade da água de irrigação são as concentrações de sal e sódio, conforme indicado pela Condutividade Eléctrica (CE), Rácio de Adsorção de Sódio (SAR) e Carbonato de Sódio Residual (RSC). No presente estudo, a avaliação da aptidão das águas

61

subterrâneas para irrigação é estudada com base nas normas do Central Soil Salinity Research Institute (CSSRI).

4.3 Análise físico-química (aptidão para rega)

No presente estudo, as amostras de águas subterrâneas foram analisadas em relação a seis parâmetros de qualidade da água para determinar a sua aptidão para irrigação e os resultados analíticos são apresentados nos quadros 4.3 e 4.4. As amostras são também classificadas de acordo com os critérios sugeridos pelo Central Soil Salinity Research Institute (CSSRI), Índia.

Tabela 4.3: Parâmetros de qualidade da água para as normas de irrigação na área de estudo durante a pré-monção

S. NÃO.	LOCALIZAÇÃO DA AMOSTRA DE ÁGUA	pH	Ca^{2+} (meq/l)	Mg^{2+} (meq/l)	Na^+ (meq/l)	HCO_3^- (meq/l)	Cl^- (mg/l)
1	Perupalem	7.62	5.46	8.39	27.29	5.07	162
2	Poduru	7.2	5.52	9.04	10.13	5.48	166
3	Gondimula	7.31	3.09	6.93	3.48	5.75	149
4	Dharbarevu	7.35	2.13	5.04	21.51	6.02	122
5	Thurputallu	7.29	1.59	4.45	3.14	6.25	522
6	Vemuladeevi	7.46	2.24	4.87	4.65	4.77	101
7	Nallipeta	7.51	1.82	4.8	25.93	6.46	316
8	Lakshmaneswaram	7.5	3.83	4.04	27.39	7.13	190
9	Linganaboinacherla	7.01	1.91	4.07	2.47	6.16	201
10	Yenuguvanil anka	7.43	3.81	5.87	1.5	5.59	186
11	Saripalle	7.39	3.77	7.34	5.07	6.66	512
12	Pasaladeevi	7.81	4.18	5.06	4.49	7.66	347
13	Chamakuripalem	7.79	3.71	0.85	13.78	7.75	299
14	Chittavaram	7.6	4.63	1.75	2.83	6.49	300
15	Narsapur	7.42	4.69	1.92	15.47	6.66	201
16	Rustumbada	7.36	6.27	2.41	10.94	10.15	192
17	Royapeta	7	4.26	3.42	4.92	10.11	202
18	Mallavaram	7.29	4.67	2.44	7.01	12.18	419
19	Likhithapudi	7.36	4.57	4.87	9.14	11.44	166
20	Kopporru	7.51	4.64	6.02	8.14	5.85	404
21	Siragalapalli	7.49	2.98	5.03	22.54	5.67	350
22	Modi	7.53	2.43	1.28	11.27	5.75	301
23	Marrithippa	7.46	2.58	1.78	9.13	6.05	261
24	Mutyalapalli	7.84	3.47	4.34	12.47	3.2	279

25	Kottata	7.39	0.56	0.77	8.47	6.16	316
26	Kalipatnam	8.01	6.03	9.22	13.54	6.34	302
27	Medapadu	8.15	6.38	6.25	6.24	6.15	395
28	Mogalturu	8	6.71	6.75	2.89	6.03	533
29	Seripalem	7.57	1.79	2.49	23.4	5.97	536
30	Ramannapalem	7.64	2.64	1.76	3.98	8.97	454
31	Serepalem	7.01	5.97	2.75	20.45	8.13	433
32	Seetharamapuram Sul	8.03	4.28	2.66	10.78	10.72	301
33	Seetharamapuram Norte	7.56	3.68	2.41	4.78	4.21	249
34	Yeramsettypalam	7.51	4.08	3.59	2.54	4.8	419
35	Varathippa	7.36	4.13	3.33	9.14	3.98	320
36	Komatithippa	7	4.17	4.07	5.14	4.82	313
37	Kummarapurugupalem	6.59	4.38	5.87	21.3	6.25	389
38	Navarasapuram	7.21	4.31	4.87	9.47	8.98	341
39	Pathapadu	7.16	6.08	4.25	5.78	11.16	460
40	Agarru	7.61	5.52	8.54	48.2	5.13	536
41	Gorintada	7.18	5.64	9.22	3.5	5.69	533
42	Baggeswaram	7.29	3.14	7.18	2.1	6.25	395
43	Chandaparru	7.34	2.18	5.2	2.9	6.16	302
44	Gadiparru	7.28	1.65	4.87	8.8	6.43	316
45	Achanta	7.43	2.29	5.14	33.1	4.93	279
46	Digamarru	7.46	1.99	5.16	6.9	6.87	261
47	Lankalakoderu	7.49	4.15	4.27	8.4	7.56	301
48	Pallakollu	7.51	2.08	4.23	11	6.51	350
49	Pulapalli	7.39	4.08	6.02	20.7	5.8	404
50	Sagamcheruvu	7.37	3.96	7.72	13.7	7.49	460
51	Sivadevunichikkala	7.76	4.28	5.22	6.4	7.9	341
52	Ullamparru	7.73	3.77	1.02	11.7	8.05	389
53	Vadlavanipalem	7.51	4.74	2.08	6.7	6.75	313
54	Velivela	7.39	4.79	2.24	7.3	7.43	320
55	Kodamanchili	7.25	5.78	2.61	9.3	8.36	419
56	Valluru	7.31	6.38	2.83	6.4	10.36	249
57	Vedangi	7.15	4.37	3.7	5.5	10.25	301
58	Kalagampudi	7.21	4.89	2.66	8.6	12.34	433
59	Pedamallam	7.53	2.99	1.99	3.8	10.57	454

60	Kavitam	7.31	4.68	5.15	15.8	11.9	186
61	Kommuchikkala	7.49	4.71	6.16	9.6	6.08	201
62	Bolletigunta	7.43	3.07	5.34	5.5	6.16	190
63	Penumadam	7.48	2.63	1.76	4.1	6.48	316
64	Koderu	7.38	2.66	2.16	4.7	6.28	95
65	Penumachili	7.72	3.62	4.43	8	3.54	601
66	Vennapuvaripalem	7.33	0.64	0.86	7.2	6.66	122
67	Gummaluru	8	6.62	6.66	25.6	6.25	149
68	Penumarru	7.87	7.19	6.91	9.7	6.16	166
69	Miniminchilipadu	7.42	2.1	2.66	4.3	6.3	162
70	Raavigoppu	6.87	6.07	2.97	8.9	8.39	419
71	Siddhantam	7.36	5.64	5.99	27.9	5.97	427
72	Ilapakurru	8.2	8.04	3.05	4.3	12.67	238
73	Utada	7.4	2.33	5.14	5.9	5.48	67
74	Gondimula	7.28	4.89	6.41	3.7	9.36	314
75	Godavaripet	8.32	3.29	3.75	4.4	7.64	386
76	Linupallipalem	7.28	7.62	7.31	4.9	7.77	274
77	Bhemalapuram	7.39	7.44	6.02	11.8	4.34	196

Tabela 4.4: Parâmetros de qualidade da água para padrões de irrigação na área de estudo durante a pós-monção

S. NÃO.	LOCALIZAÇÃO DA AMOSTRA DE ÁGUA	pH	Ca^{2+} (meq/l)	Mg^{2+} (meq/l)	Na^+ (meq/l)	HCO_3^- (meq/l)	Cl^- (mg/l)
1	Perupalem	7.07	7.03	4.93	6.14	8.61	78
2	Poduru	7.4	5.69	7.43	3.14	9.23	49
3	Gondimula	7.46	5.55	7.57	4.27	10.57	161
4	Dharbarevu	7.41	5.64	5.36	5.68	11.19	142
5	Thurputallu	7.21	5.52	4.76	3.05	8.18	415
6	Vemuladeevi	7.4	5.29	5.14	4.05	10.76	419
7	Nallipeta	7.12	5.18	4.42	5.86	7.56	726
8	Lakshmaneswaram	7.32	5.04	4.16	9.00	8.18	435
9	Linganaboinacherla	7.16	7.03	5.39	5.09	17.87	427
10	Yenuguvanil anka	7.34	3.98	4.11	5.45	20.64	245
11	Saripalle	7.29	3.78	5.22	6.32	21.13	163
12	Pasaladeevi	7.51	4.37	9.07	5.86	15.68	274
13	Chamakuripalem	7.27	8.04	9.22	4.91	12.22	176

14	Chittavaram	7.15	7.68	9.07	6.14	9.28	342
15	Narsapur	7.41	8.04	1.96	10.18	6.89	238
16	Rustumbada	7.39	4.12	5.77	6.59	5.56	287
17	Royapeta	7.46	4.30	3.93	10.00	10.31	241
18	Mallavaram	7.29	3.36	4.12	46.41	10.27	263
19	Likhithapudi	7.09	3.51	7.80	4.14	9.13	327
20	Kopporru	6.51	4.01	7.69	2.59	9.00	399
21	Siragalapalli	7.59	4.88	5.75	5.59	7.65	82
22	Modi	7.61	4.32	5.76	0.91	8.80	67
23	Marrithippa	7.46	4.89	6.07	6.50	10.59	35
24	Mutyalapalli	7.09	2.54	6.61	6.23	10.33	154
25	Kottata	6.98	2.72	5.70	5.09	10.03	135
26	Kalipatnam	7.87	2.45	7.81	6.50	8.78	397
27	Medapadu	7.73	3.42	8.90	3.91	8.80	196
28	Mogalturu	7.81	6.69	11.33	4.27	7.84	314
29	Seripalem	7.25	6.64	10.69	2.91	9.36	236
30	Ramannapalem	7.39	4.94	7.43	5.95	9.00	314
31	Serepalem	7.38	4.99	7.02	5.23	7.65	232
32	Seetharamapuram Sul	7.72	5.39	4.12	5.41	8.80	386
33	Seetharamapuram Norte	8.01	4.98	4.98	4.45	10.59	665
34	Yeramsettypalam	7.43	7.79	4.27	5.59	10.33	412
35	Varathippa	7.5	5.66	3.30	6.59	10.03	419
36	Komatithippa	7.3	5.08	3.34	5.27	8.78	236
37	Kummarapurugupalem	7.41	5.02	2.89	4.45	8.80	183
38	Navarasapuram	7.9	5.20	7.60	4.05	7.84	273
39	Pathapadu	7.36	5.15	7.39	6.36	9.36	241
40	Agarru	7.42	6.64	10.69	5.41	9.04	81
41	Gorintada	7.38	6.69	11.33	5.73	9.13	52
42	Baggeswaram	7.72	4.01	8.90	6.05	10.27	164
43	Chandaparru	7.83	3.42	7.81	9.14	10.35	147
44	Gadiparru	7.43	2.59	5.70	6.14	5.56	421
45	Achanta	7.51	2.72	6.61	44.86	6.89	425
46	Digamarru	7.3	2.54	6.07	4.18	9.28	732
47	Lankalakoderu	7.41	4.89	5.76	5.00	12.22	452
48	Pallakollu	7.9	4.32	5.75	3.68	15.78	439

49	Pulapalli	7.51	5.03	7.69	4.09	21.52	261
50	Sagamcheruvu	6.92	5.17	7.39	2.77	21.20	185
51	Sivadevunichikkala	7.59	5.20	7.60	6.05	21.30	284
52	Ullamparru	7.61	5.02	2.89	4.64	20.49	195
53	Vadlavanipalem	7.46	5.34	3.34	8.73	12.09	354
54	Velivela	7.09	5.66	3.30	5.41	11.81	241
55	Kodamanchili	7.1	7.79	4.27	5.45	11.42	272
56	Valluru	6.87	4.98	4.98	8.95	10.37	301
57	Vedangi	6.73	5.39	4.12	5.45	11.00	255
58	Kalagampudi	6.81	5.05	7.02	5.00	20.34	281
59	Pedamallam	7.25	4.94	7.43	5.50	20.64	321
60	Kavitam	7.09	4.01	7.80	4.05	17.87	334
61	Kommuchikkala	7.29	3.51	4.12	3.41	8.18	412
62	Bolletigunta	7.46	3.36	3.93	3.32	7.65	86
63	Penumadam	7.39	4.30	5.77	4.32	10.76	73
64	Koderu	7.43	4.32	2.06	4.41	8.18	41
65	Penumachili	7.15	8.04	9.07	8.23	11.19	165
66	Vennapuvaripalem	7.27	7.68	9.22	7.82	10.57	142
67	Gummaluru	7.51	8.04	9.07	8.32	9.36	201
68	Penumarru	7.29	4.37	5.22	4.45	8.61	326
69	Miniminchilipadu	7.39	3.98	4.11	3.55	9.36	241
70	Raavigoppu	7.16	7.03	5.39	6.59	7.84	246
71	Siddhantam	6.58	1.91	4.07	2.23	8.07	256
72	Ilapakurru	7.42	4.69	1.92	5.23	8.72	431
73	Utada	7.53	2.43	1.28	2.64	7.54	756
74	Gondimula	8	6.71	6.75	6.95	7.90	260
75	Godavaripet	8.03	4.28	2.66	4.27	14.04	55
76	Linupallipalem	7.81	4.18	5.06	3.91	10.03	335
77	Bhemalapuram	8.15	6.38	6.25	6.68	8.05	260

Tabela 4.5: Valores SAR, RSC e E.C. de amostras de águas subterrâneas da área de estudo para adequação à irrigação de acordo com o CSSRI

S. NÃO.	LOCALIZAÇÃO DA AMOSTRA DE ÁGUA	S.A.R. (meq/l)		R.S.C. (meq/l)		C.E. (µS/cm)	
		Pré-monção	Pós-monção	Pré-monção	Pós-monção	Pré-monção	Pós-monção
1	Perupalem	1.37	1.99	-7.22	-3.34	983	420
2	Poduru	3.75	1.02	-7.39	-3.89	1592	431

3	Gondimula	1.55	1.40	-2.49	-2.55	2958	612
4	Dharbarevu	11.36	1.97	0.71	0.19	2694	625
5	Thurputallu	1.81	1.08	2.15	-2.10	3283	1029
6	Vemuladeevi	2.47	1.44	-0.85	0.33	541	1023
7	Nallipeta	14.25	2.16	1.84	-2.03	1427	3218
8	Lakshmaneswaram	13.81	3.37	1.48	-1.01	632	1204
9	Linganaboinacherla	1.43	1.63	2.09	5.46	824	1109
10	Yenuguvanil anka	0.68	2.22	-2.35	12.55	3626	781
11	Saripalle	2.15	2.50	-2.39	12.13	3847	442
12	Pasaladeevi	2.09	1.97	0.79	2.24	3106	621
13	Chamakuripalem	9.12	1.38	5.60	-5.04	1209	904
14	Chittavaram	1.58	1.76	2.13	-7.47	1562	1432
15	Narsapur	8.51	3.39	2.12	-3.11	1693	723
16	Rustumbada	5.25	2.49	4.62	-4.33	1527	613
17	Royapeta	2.51	4.00	5.57	2.08	1683	614
18	Mallavaram	3.72	19.94	8.84	2.79	1794	1289
19	Likhithapudi	4.21	1.52	5.56	-2.18	983	412
20	Kopporru	3.53	0.92	-2.98	-2.70	3626	719
21	Siragalapalli	11.26	2.01	-0.58	-2.98	4109	432
22	Modi	8.28	0.34	3.83	-1.27	3106	429
23	Marrithippa	6.18	2.31	3.57	-0.38	1209	529
24	Mutyalapalli	6.31	2.58	-3.62	1.18	1562	647
25	Kottata	10.38	2.16	6.74	1.61	1693	657
26	Kalipatnam	4.90	2.58	-6.94	-1.47	1527	984
27	Medapadu	2.48	1.39	-4.57	-3.51	1683	627
28	Mogalturu	1.11	1.22	-5.56	-10.18	1794	887
29	Seripalem	16.00	0.84	3.54	-7.96	1882	1549
30	Ramannapalem	2.68	2.02	7.35	-3.36	2735	643
31	Serepalem	9.80	1.79	1.94	-4.36	2358	983
32	Seetharamapuram Sul	5.79	1.98	7.11	-0.71	2987	3214
33	Seetharamapuram Norte	2.74	1.63	-0.57	0.63	2756	1069
34	Yeramsettypalam	1.30	1.78	-1.38	-1.73	3157	986
35	Varathippa	4.73	2.44	-2.24	1.07	2541	659
36	Komatithippa	2.53	2.03	-1.93	0.36	2470	391
37	Kummarapurugupalem	9.41	1.75	-2.06	0.90	3247	512

38	Navarasapuram	4.42	1.35	2.59	-4.95	2792	632
39	Pathapadu	2.54	2.14	4.30	-3.18	2648	659
40	Agarru	18.18	1.56	-7.33	-8.28	2648	418
41	Gorintada	1.28	1.63	-7.40	-8.89	2792	452
42	Baggeswaram	0.92	2.08	-2.14	-2.65	3157	601
43	Chandaparru	1.51	3.38	0.69	-0.88	3247	621
44	Gadiparru	4.88	2.63	1.90	-2.73	2541	1020
45	Achanta	17.18	18.28	-0.96	-2.44	2470	1012
46	Digamarru	3.65	1.77	1.86	0.67	2756	3215
47	Lankalakoderu	4.10	1.79	1.48	1.57	2987	1187
48	Pallakollu	6.19	1.37	2.22	5.72	2358	1062
49	Pulapalli	9.21	1.37	-2.49	8.80	2735	749
50	Sagamcheruvu	5.67	0.93	-1.87	8.63	3248	435
51	Sivadevunichikkala	2.94	2.02	0.85	8.51	2587	619
52	Ullamparru	7.56	1.82	5.75	12.58	2526	897
53	Vadlavanipalem	3.63	3.30	2.03	3.41	1792	1387
54	Velivela	3.90	2.00	2.71	2.85	1357	657
55	Kodamanchili	4.54	1.73	2.57	-0.63	1351	608
56	Valluru	2.98	3.28	4.36	0.42	2026	546
57	Vedangi	2.74	2.00	5.35	1.48	2047	601
58	Kalagampudi	4.43	1.71	8.62	8.27	1829	1235
59	Pedamallam	2.41	1.87	8.87	8.28	3351	652
60	Kavitam	7.13	1.44	5.76	6.05	2369	397
61	Kommuchikkala	4.12	1.44	-2.91	0.55	824	710
62	Bolletigunta	2.68	1.44	-0.33	0.36	632	421
63	Penumadam	2.77	1.61	4.09	0.69	1427	412
64	Koderu	3.03	1.91	3.41	1.80	652	456
65	Penumachili	3.99	2.32	-3.41	-5.92	3283	573
66	Vennapuvaripalem	8.31	2.23	7.22	-6.34	2694	643
67	Gummaluru	9.93	2.35	-5.10	-7.75	2958	639
68	Penumarru	3.65	1.69	-6.03	-0.97	1592	942
69	Miniminchilipadu	2.79	1.44	3.49	1.28	983	1463
70	Raavigoppu	4.19	2.11	1.96	-4.57	1794	1023
71	Siddhantam	1.57	1.12	-3.81	2.09	1109	940
72	Ilapakurru	1.83	2.20	5.52	2.12	723	1851

73	Utada	3.05	1.50	-0.29	3.83	429	1851
74	Gondimula	1.56	2.19	0.96	-5.56	887	872
75	Godavaripet	2.35	1.80	2.97	7.11	3214	587
76	Linupallipalem	1.79	1.51	-4.75	0.79	621	587
77	Bhemalapuram	4.55	2.17	-7.76	-4.57	627	523

4.4 Condutividade eléctrica (CE) e seu significado

Índice de salinidade:

A condutividade eléctrica das águas subterrâneas é uma medida relacionada com os índices de salinidade, as amostras de água foram categorizadas em seis classes com base na medição da condutividade, como se mostra na Tabela 2.6. A classificação das águas subterrâneas para fins de irrigação depende do ião sódio e do teor total de sal da água. Os valores da condutividade eléctrica variam entre 391 e 3218 μS/cm na área de estudo durante a estação pré-monção e durante a estação pós-monção os valores variam entre 429 e 4109 μS/cm. Um elevado teor de sal (CE elevado) na água de irrigação leva à formação de solo salino. Isto pode afetar a capacidade de absorção de sal das plantas através das suas raízes. De acordo com a classificação de Shainberg, I. & Oster, J. D., durante a pré-monção, 37 amostras apresentam "baixa salinidade", 37 amostras apresentam "salinidade média" e 3 amostras apresentam "salinidade muito elevada". Do mesmo modo, durante a pós-monção, apenas 6 amostras apresentam "baixa salinidade", 56 amostras apresentam "salinidade média" e 15 amostras apresentam "salinidade muito elevada". A quantidade excessiva de sais presentes na água afecta física e quimicamente as plantas e o solo agrícola, reduzindo assim a produtividade. Os efeitos físicos destes iões são a diminuição da pressão osmótica

pressão nas células estruturais da planta, impedindo assim que a água chegue aos ramos e às folhas. A distribuição espacial do presente estudo revelou que a maioria das amostras, isto é, 96% na estação pré-monção e 81% na estação pós-monção, foram classificadas nas categorias II ou III (Tabela 2.6). Isto implica que as amostras de água subterrânea são baixas a moderadas, pelo que podem ser consideradas adequadas para irrigação. As figuras 4.4 e 4.5 mostram a adequação da irrigação com base na condutividade eléctrica durante a pré-monção e a pós-monção, respetivamente.

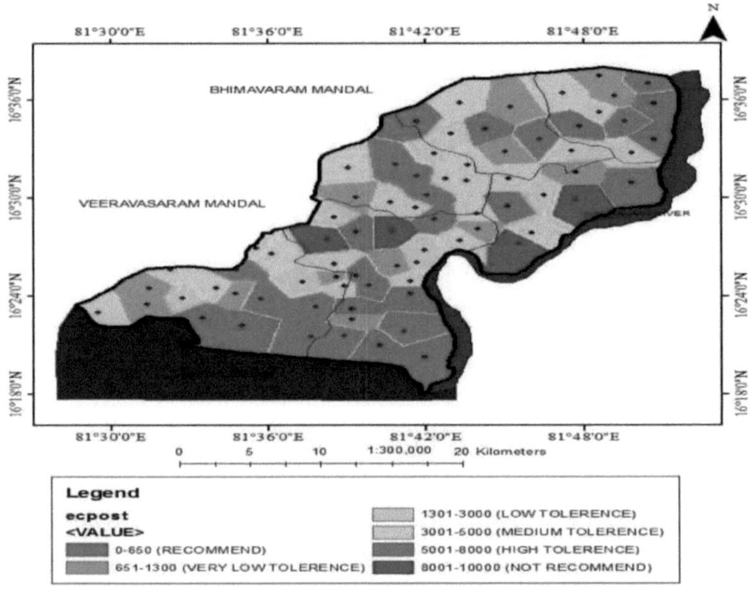

Figura 4.4: Adequação da irrigação com base na condutividade eléctrica durante a pré-monção

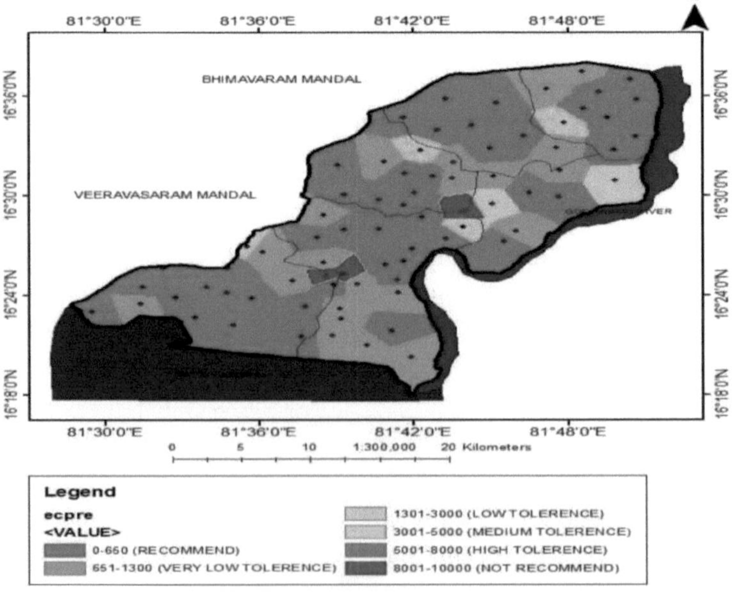

Figura 4.5: Adequação da irrigação com base na condutividade eléctrica durante a pós-monção

4.5 Índice de clorinidade e seu significado

O cloreto mostra a sensibilidade para as culturas com baixo limite de tolerância ao sal. O índice diz respeito à concentração de iões cloreto nas águas subterrâneas (Quadro 2.9). Os valores de clorinidade variam de 35 a 756 mg/l na área de estudo durante a estação pré-monção e durante a estação pós-monção os valores variam de 67 a 601 mg/l. De acordo com o índice de classificação da clorinidade de Gupta.R.K. *et al.,* durante a pré-monção, 57 amostras apresentam "baixa clorinidade", 18 amostras têm "média clorinidade" e 02 amostras têm "clorinidade muito elevada" (Quadro 4.3). Do mesmo modo, durante a pós-monção, apenas 50 amostras apresentam "baixa clorinidade", 27 amostras apresentam "clorinidade média" e 0 amostras apresentam "clorinidade muito elevada" (Quadro 4.4). A distribuição espacial do presente estudo revelou que a maioria das amostras, ou seja, 97% na estação pré-monção e 100% na estação pós-monção, foram classificadas nas categorias I ou II (Quadro 2.9). Isto indica que a água subterrânea da área de estudo é adequada para irrigação. Muito poucas amostras durante a estação pré-monção caem na categoria III, mostrando que, do ponto de vista do índice de clorinidade, todos os locais da área de estudo são recomendados para irrigação. As figuras 4.6 e 4.7 mostram a adequação da irrigação com base na concentração de cloreto durante a pré-monção e a pós-monção, respetivamente.

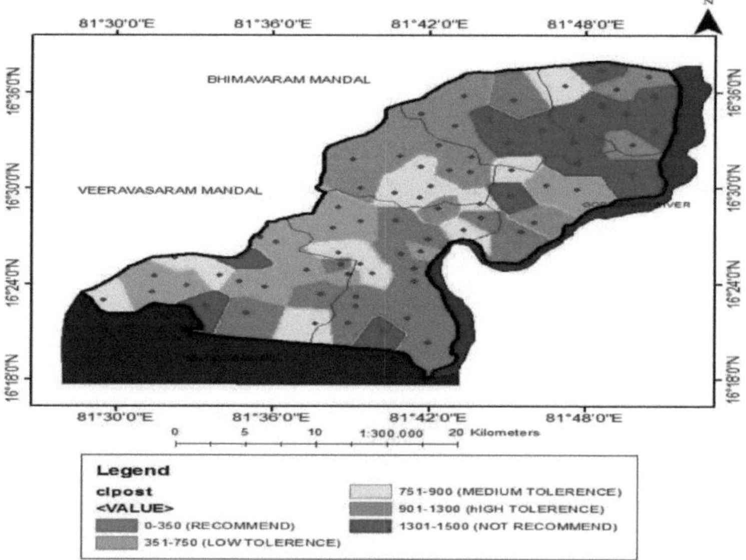

Figura 4.6: Adequação da irrigação com base na concentração de cloreto durante a pré-monção

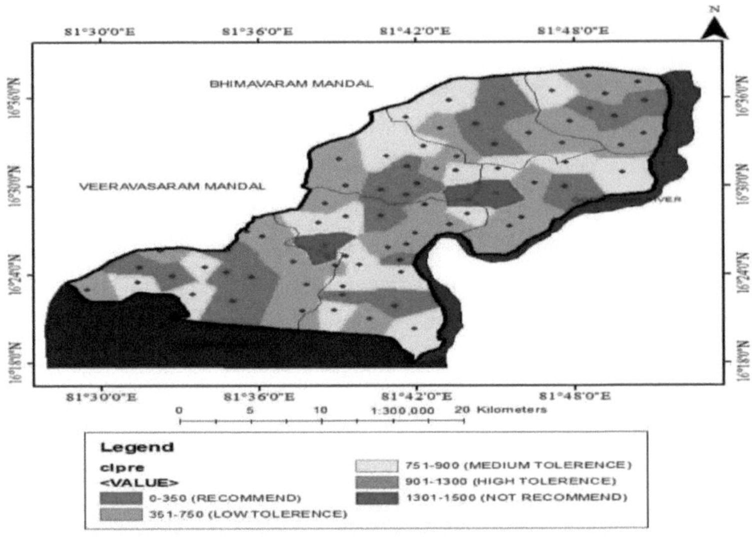

Figura 4.7: Aptidão para a irrigação com base na concentração de cloretos durante a pós-monção

4.6 Rácio de adsorção de sódio (SAR) e seu significado

Uma quantidade excessiva de sal em geral e de sódio em particular afecta a permeabilidade e a estrutura do solo e cria condições tóxicas para as plantas. O rácio de adsorção de sódio pode indicar o grau em que a água de irrigação tende a entrar em reacções de troca catiónica no solo. É um parâmetro importante para determinar a adequação da água de irrigação, porque é uma medida do perigo do sódio ou dos álcalis para as culturas. O sódio que substitui o cálcio e o magnésio adsorvidos constitui um perigo, uma vez que causa danos na estrutura do solo, que se torna compacto e impermeável. Se a água utilizada para irrigação tiver um teor elevado de Na^+ e baixo de Ca^{2+}, a troca iónica de Na^+ com Ca^{2+} e Mg^{2+} no solo destrói a estrutura do solo devido à dispersão das partículas de argila. No presente estudo, a classificação das águas subterrâneas em relação à SAR é apresentada na Tabela 2.7. Os resultados do estudo revelaram que a SAR das amostras de água durante a pré-monção variou de 0,68 a 18,18 meq/l, durante a estação pós-monção os valores variaram de 0,34 a 19,94 meq/l. Das 77 localidades, apenas uma localidade, "Agarru", apresenta um risco de sódio em relação à SAR durante a pré-monção e, durante a pós-monção, apenas duas, nomeadamente "Mallavaram" e "Achanta", apresentam um risco de sódio em relação à SAR. As restantes localizações apresentam boas condições de água para as culturas de acordo com a SAR. Os resultados apresentados nas figuras 4.8 e 4.9 mostram a distribuição espacial de diferentes localizações de águas subterrâneas em relação à SAR para a adequação da irrigação durante a pré e a pós-monção, respetivamente.

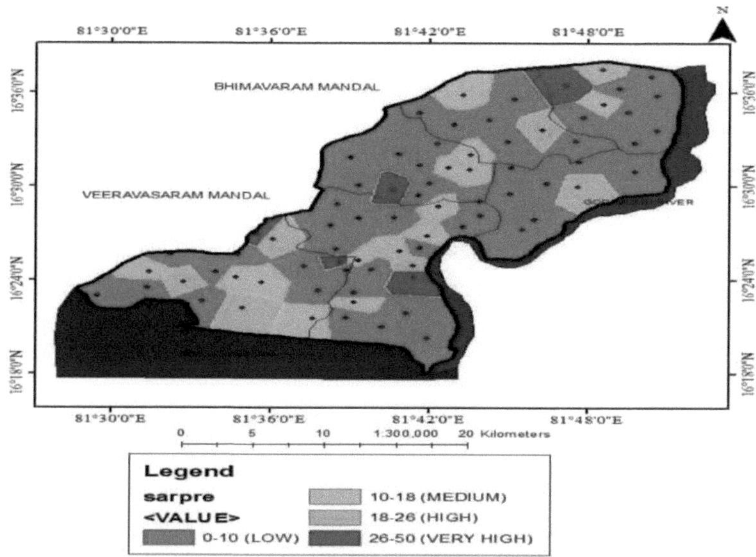

Figura 4.8: Adequação da irrigação com base no rácio de adsorção de sódio (SAR) durante a pré-monção

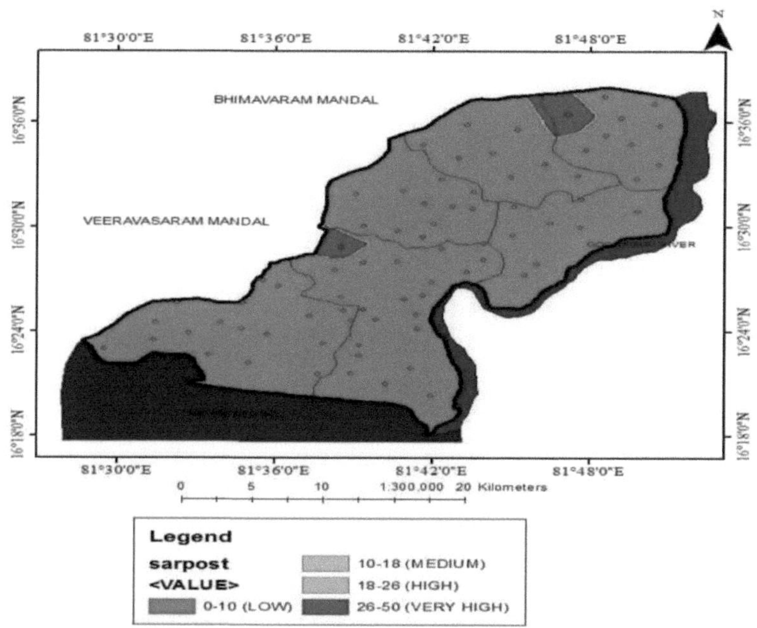

Figura 4.9: Adequação da irrigação com base no rácio de adsorção de sódio (SAR) durante a pós-monção

4.7 Carbonatos de sódio residuais (RSC) e seu significado

A água com um elevado teor de carbonato de sódio residual (RSC) tem um pH elevado e a terra irrigada por essas águas torna-se infértil devido à deposição de carbonato de sódio, como se sabe pela cor preta do solo. O valor de RSC inferior a 1,5 é seguro para irrigação, um valor entre (1,5-6,0) é de qualidade marginal e um valor superior a 6,0 é inadequado para irrigação. Além disso, o valor de RSC negativo indica que não há precipitação completa de cálcio e magnésio. As águas com valores negativos são, obviamente, seguras para irrigação. Os resultados do estudo acima revelaram que o RSC das amostras variou de -7,76 a 8,87 meq/l durante a pré-monção, durante a pós-monção o intervalo do RSC é de -10,18 a 12,58 meq/l. Das 77 localizações de águas subterrâneas, 39 apresentam RSC<1,5, o que indica que "bom para o crescimento das culturas" durante a pré-monção e durante a pós-monção 53 localizações apresentam RSC<1,5. Durante a pré-monção, apenas 7 locais apresentam RSC>6,0, o que indica que não são adequados para irrigação; durante a pós-monção, 10 locais apresentam RSC>6,0. Os restantes locais são marginais no que respeita ao RSC para o crescimento das culturas. Boas práticas de irrigação tornam possível usar a água marginal do RSC com sucesso para irrigação. O excesso de RSC provoca a deterioração da estrutura do solo e restringe o movimento do ar e da água através do solo.

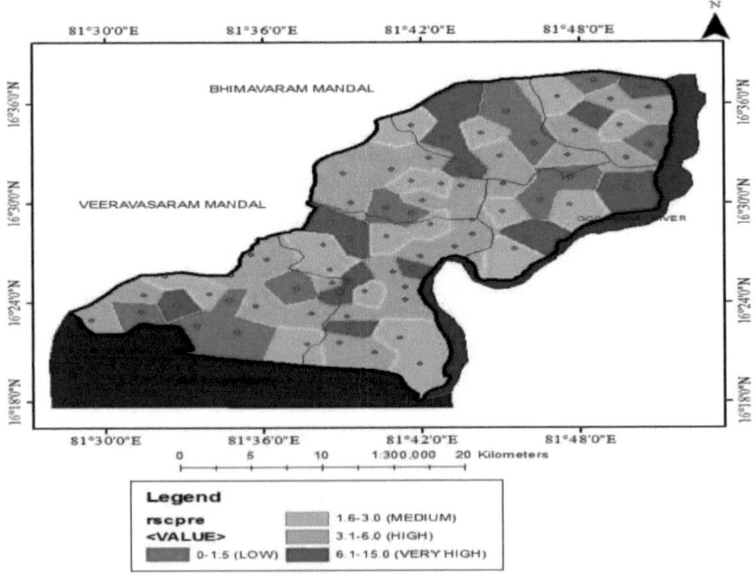

Figura 4.10: Adequação da irrigação com base nos carbonatos de sódio residuais (RSC) durante a pré-monção

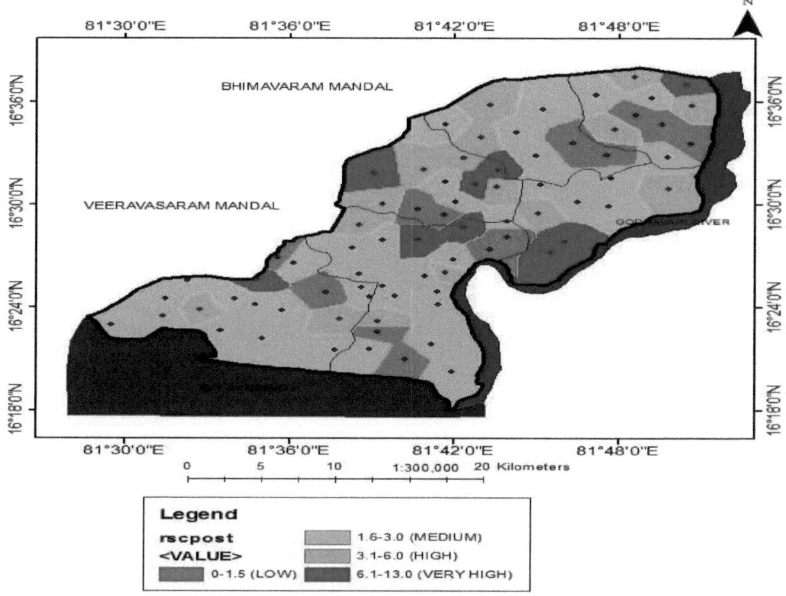

Figura 4.11: Adequação da irrigação com base nos carbonatos de sódio residuais (RSC) durante a pós-monção

Capítulo 5: Sugestões e recomendações

5.1 Sugestões e recomendações

1. Se identificarmos e categorizarmos o tipo de utilização das águas subterrâneas da zona, como doméstica / agricultura / aquacultura, etc., podemos tomar medidas para não deteriorar ainda mais a qualidade da água.

2. As autoridades devem adotar planos de proteção abrangentes e rigorosos para proteger os recursos hídricos subterrâneos da zona antes que ocorra uma maior contaminação das águas subterrâneas.

3. Para a aquicultura ou a cultura de camarões e indústrias associadas, a construção e a reparação de estações de tratamento de águas residuais ou de unidades de armazenamento de líquidos residuais perigosos devem seguir as diretrizes da CPCB. As estações de tratamento de águas residuais devem estar situadas nas indústrias e os efluentes dessas estações não devem misturar-se com as fontes de água próximas.

4. Para equilibrar o lençol freático na área de estudo, a retirada excessiva de água subterrânea deve ser monitorizada e devem ser adoptadas medidas rigorosas de atribuição de água.

5. Devem ser adoptadas medidas para identificar as fontes pontuais e não pontuais de poluição das águas e estas fontes de poluição devem ser integradas nos sistemas de tratamento da zona de estudo.

6. As águas residuais provenientes de escoamentos agrícolas, aquacultura, etc., não devem misturar-se diretamente com cursos de água ou águas subterrâneas, o lixo doméstico ou outros tipos de lixo não devem ser lançados em canais ou cursos de água e devem ser eliminados longe das fontes de água.

Estratégias de gestão das águas subterrâneas

Segue-se uma lista de recomendações e estratégias para evitar uma maior deterioração da qualidade das águas subterrâneas na zona de estudo

(i) Para minimizar a poluição das águas subterrâneas, devemos quantificar as águas residuais de diferentes fontes, como as domésticas, agrícolas, aquícolas, etc. Todos os tipos de esgotos devem ser processados através destas estações de tratamento. Para isso, o governo deve criar estações de tratamento de esgotos ou estações de tratamento de águas residuais em todos os locais onde for necessário.

(ii) Com a ajuda do Sistema de Informação Geográfica (SIG) e dos dados espaciais e não espaciais necessários, devem ser desenvolvidas estruturas de recarga das águas pluviais, para o que podemos utilizar imagens de satélite para identificar a localização das zonas de recarga das águas subterrâneas.

(iii) As estruturas de recarga de águas subterrâneas devem ser formadas em diferentes partes da cidade. Formação de drenos de águas pluviais que conduzem a estruturas de recarga de águas subterrâneas, para aumentar o seu potencial de recarga.

(iv) Para evitar uma maior deterioração da qualidade da água subterrânea, deve haver um mecanismo contínuo de observação do lençol freático ao longo do ano e também as agências governamentais e não governamentais devem monitorizar continuamente o estado da qualidade da água subterrânea na área de estudo.

(v)O público em geral deve estar consciente das consequências e dos efeitos nocivos do consumo de águas subterrâneas poluídas e o governo deve tomar as medidas necessárias para fornecer água potável segura ao público em geral.

(vi) Os canais de drenagem e as fossas sépticas devem ser colocados longe das fontes de água. No caso de os poços estarem próximos dos canais de drenagem e das fossas sépticas, devem ser tomadas todas as precauções necessárias.

(vii) As pessoas devem ser educadas no sentido de tomarem precauções para controlar a contaminação das águas subterrâneas e dos poços. A defecação ao ar livre ao longo das margens dos canais deve ser proibida.

Referências

APHA "Standard methods for the examination of water and wastewater", *American Public Health Association,* (2005), Nova Iorque. U.S.A. 21st Edition.

Arc GIS, software GIS, versão 10.2.2, "Environmental Systems Research Institute" *(ESRI),* Nova Iorque. (2004).

Ashraf, M., L.C. Loftis e K.G. Hubbard, "Application of Geostatistics to Evaluate Partial Weather Station Networks". *Agric. For. Meteorol,* 84: (1997), pp255-271.

Bartram J. B., Balance R. "Water Quality Monitoring", OMS/UNEP, (1996), Retrivedfromhttp://www.who.int/water_sanitation_health/resourcesquality/waterq ualmonitor.pdf.[Acedido em 10 de março de 2017].

Bhuvaneshwari, B. e R. Devika, "Studies on physico-chemical and biological characteristics of Coovum river" (Estudos sobre as caraterísticas físico-químicas e biológicas do rio Coovum). *Asian J. Microbial Biotech Env. Sci.* 7(3), (2005), pp 449-451.

BIS, "Indian standards specifications for drinking water" IS:10500, *Bureau of Indian Standards,* New Delhi. (2003).

Bishnoi, M. e Malik, R., "Groundwater quality in environmentally degraded localities of Panipat city, India", *Journal of Environmental Biology.* Volume 29, n.º 6, (2008), pp. 881-886.

Bolaji TA, Tse CA, "Spatial variation in groundwater geochemistry and water quality index in Port Harcourt" (Variação espacial na geoquímica das águas subterrâneas e índice de qualidade da água em Port Harcourt). *Scientia Africana,* 8(1): (2009), pp 134-155.

Brown R. M, McClelland N. I., Deininger R. A. e O'Connor M. F., Water Quality Index-Crashing, the Psychological Barrier, Proc. 6th Annual Conference, *Advances in Water Pollution Research,* (1972), pp 787-794. http://dx.doi.org/10.1016/b978-0-08-017005-3.50067-0

Burroughs, P.P. & McDonnel, R.A. *Principles of GIS,* Oxford University Press, (1998), pp. 299.

CGWB "Manual on artificial recharge of groundwater" *Central Ground Water Board,* Ministry of Water Resources, Govt. of India, New Delhi, (2007).

Chaturvedi, J, Pondey N K., "análise físico-química do rio Ganga em VidhyachalGhat". *Curr. World. Env.* 2: (2006), pp 177-179.

Cheng, Q., Agterberg, F.P., Bonham-Carter, G.F., "A spatial analysis method for geochemical anomaly separation". *J. Geochem. Explor.* 56, (1996), pp 183-195.

CPCB "Diretrizes para a gestão da qualidade da água". *Central Pollution Control Board,* (2008),

Parivesh Bhawan, East Arjun Nagar, Delhi

ESRI "Using Arc GIS spatial analyst", *ESRI Press,* Redlands, (2002).

Foster, S.S.D., "Impacts of Urbanisation on groundwater. Hydrobiological Processes and Water Management in Urban Areas, Duisburg, FRG", *Proc. Symp.* abril 24-28: (1988), 1-24.

Gautam Mahajan, "Evaluation and Development of Groundwater", *Ashish Publishing House, New Delhi.* (1989).

Goel, P.K. e Sharma, K.P., *"Environmental guidelines and standards in India", Technoscience Publications, Jaipur, Índia.* (1996).

Gogu RC., Carabin G., Hallet V., Peters V., Dassargues A., "GIS-based hydrogeological databases and groundwater modeling", Hydrogeology Journal, Vol.9, (2001), pp 555-569.

Guan W, Chamberlain RH, Sabol BM, Doeringand PH , "Mapping submerged aquatic vegetation in the Caloosahatchee Estuary: evaluation of different interpolation methods". *Mar Geod* 22: (1999) ,69-91.

Gupta, R.K., Singh, N.T. e Sethi, M., "Water Quality for Irrigation in India". *Tech. Bull. 19,* CSSRI, Karnal, Índia: (1994), pp 16-36.

Hem JD "Study and interpretation of the chemical characteristics of natural water" (Estudo e interpretação das caraterísticas químicas da água natural). *USGS Water Supply,* (1985), Documento 2254.

Hiscock K. M. Hydrology principles and Practice Blackwell Blackwell Publishing, Nova Iorque. Objetivo da irrigação, *Ciências Aplicadas ao Saneamento Ambiental,* Vol.6, Nov.3: (2005), pp 388-392.

Igor Shiklomanov "World fresh water resources" in Peter H. Gleick (editor), *Water in Crisis: A Guide to the World's Fresh Water Resources-Oxford* University Press, Nova Iorque, (1993), pp 102-104.

IS 11624, "Diretrizes para a qualidade da água de irrigação". *UDC 631.671.03:* (1986, Reafirmado em 2009), (2009), 626.810 (026).

Karanth, K.R. *Groundwater assessment, development and management.* (1987), pp. 720, Nova Deli.

Kartic Bera M. e Dr. Jatisankar Bandyopadhyay, "Groundwater Potential Mapping in Dulung Watershed using Remote Sensing and GIS Techniques, West Bengal, India", *International Journal of Scientific and Research Publications,* Vol.2 (12), (2012), pp 1-7.

Khandkar. U.R, K.S. Bangar, S.C. Tiwari, "Quality of Ground Water used for Irrigation in Ujjain District of Madhya Pradesh, India", *Journal of Environmental Science and Engineering,* Vol.50,

No.3: (2008), pp 179-186.

Khanna, D. R., A Gautam e P. Sarkar, "Water quality of bathing ghats of river Ganga at Haridwar". *Conferência nacional sobre o estado do ambiente indiano, processo de pré-conferência, ASEA.* Rishikesh: (2001), pp 38.

Kiran, V. Mehta, "Caraterísticas físico-químicas e estudo estatístico das águas subterrâneas de alguns locais de Vadgamtaluka no distrito de Banaskantha do estado de Gujarat (Índia)" *,J. Chem. Pharm. Res., ,* 2(4): (2010), pp 663- 670.

Kotaiah e Kumaraswamy, "Environmental Engineering Laboratory Manual", *Charotar Publishing House,* Gujarat. (1994).

Kumar R., Venkateshharaju, P. e Somashekar R. K. , "Major ion chemistry and hydrochemical studies of ground water of Bangalore South taluk, India". *Environ. Monitor Asses,* 163(1-4): (2010), pp 643-53.

Mathes ES, Rasmussen TC "Combining multivariate statistical analysis with geographic information systems mapping: a tool for delineating groundwater contamination". *Hydrogeol J.* 14(8): (2006), 1493-1507. doi: 10.1007/s10040- 006-0041-4.

Msnucleus, "Hydrological cycle", (2005), Retrieved from http://www.msnucleus.org/membership/html/k-6/wc/water/6/wcwa6_1a.html [Acedido em 13 de março de 2017]

Ombakao, J.M. Gichumbi e D. Kibara, "Evaluation of Ground Water and Tap Water Quality in the Villages Surrounding Chuka Town, Kenya", *J. Chem. Bio. Phys. Sci.,3* (2), (2013), pp 1551-1553.

Prem Singh, J.P. Saharan, Kavita Sharmaand e Sunita Saharan, "PhysioChemical & EDXRF Analysis of Groundwater of Ambala, Haryana, India": *Researcher.* 2(1): (2010): pp 68-75.

Ragunath, H. M. "Groundwater", *Wiley Eastern,* New Delhi (1987), pp. 563.

Rajdeep Kaur e R.V. Singh. "Groundwater Quality in Bikaner city, Rajasthan for Irrigation purpose", *Applied Sciences in Environmental Sanitation,* Vol.6, Nov.3: (2011) pp 388-392.

Ram, B.; Matharu .S.S. and Gray.S.P., Characterization of effluent of drain and under groundwater - A case study, *Indian j. Envl. Prot.,* 26(6), (2006), pp 505-507.

Ramesh, K., Elango, L., "Groundwater quality and its suitability for domestic and agricultural use in Tondiar river basin, Tamil Nadu, India", *Environ Monit Assess.* Volume 184, Número 6, (2011), pp 3887-3899. DOI: 10.1007/s10661-011 -2231 -3

Renji Remesan e R.K. Panda, "Groundwater quality mapping using GIS: A case study from Inidas

Kappam Watershed", *Environmental Quality Management,* Vol.16(3), .(2008), pp.41-60.

Science clean (2009), Retrieved from http://sciencelearn.org.nz/Contexts/H2O- On-the-Go/Sci-Media/Images/Earth-s-water-distribution. [Acedido em 14 de março de 2017].

Shahram Ashraf, Hossein Afshari e Abdol Ghaffar Ebadi, "Application of GIS for determination of groundwater quality suitable in crops influenced by irrigation water in the Damghan region of Iran", *International Journal of the Physical Sciences,* Vol.6(4), (2011), pp 843-854.

Shainberg, I. & Oster, J. D. "Quality of irrigation water". *IIICpublication* no. 2, (1976).

Singh K.P., Malik A., Mohan D., Singh V.K. and Sinha S. Evaluation of groundwater quality in northern indo-gangetic alluvium region. *Environ. Monitor. Asses.* Vol.122: (2006), pp 211-230.

Sridhar, N., Poongothai, S., Ravisankar, N., "Spatial analysis of groundwater quality for Tarangabadi taluk, Nagappatinam district, Tamilnadu using GIS", *International Journal of Emerging Technology and Advanced Engineering,* 4(9): (2014), pp251-258.

Sundara Kumar. P., Dr. M.J. Ratnakanth Babu e Dr. Ch. Hanumantha Rao, "Assessment and Mapping of Groundwater Quality Using Geographical Information Systems", *International Journal of Engineering Science and Technology,* Vol. 2(11), (2010), pp.6035-6046.

Sunitha. V, Muralidhara Reddy. B, Jagadish Kumar. M e Ramakrishna Reddy. M., "GIS based groundwater quality mapping in southeastern part of Anantapur District, Andhra Pradesh, India", *International Journal of Geomatics and Geosciences,* Vol. 2, No.3. (2012), pp 805-814.

Thaker M.R, Jadeja B.A, Odedra N.K., "Studies on ground water quality of industrial area of Dharampur, Porbandar city, Saurashtra, Gujrat, India". *Plant Archives,* 6(1), (2006), pp 341-344.

Thangavelu, A., "Mapping the groundwater quality in Coimbatore city, India based on physico-chemical parameters", *IOSR Journal of Environmental Science, Toxicology and Food Technology,* 3(4): (2013), pp 32-40.

Tiwari T.N. e Mishra. M, "A Preliminary assignment of Water Quality Index of major Indian Rivers", *Indian Journal of Environmental Protection*, Vol. 5(4): (1985) , pp 276-279.

Todd, D.K., "Groundwater Hydrology", *John Willey & Sons,* Nova Iorque. (2001), pp.277-294.

Trivedi. P e P.K. Goel, "Chemical and Biological methods for water pollution studies". *Environment Publications,* (1986), pp 215-218.

Usha Madhuri, T., "Some Studies on Assessment of Groundwater Pollution Vulnerability Index for the city of Visakhapatnam, Andhra Pradesh, India Through application of "DRASTIC" Model", *Ph.D. Thesis,* (2005), Andhra University.

Vasanthavigar M., Srinivasamoorthy K. and Prasann, M. V. Evaluation of ground water suitability for domestic, irrigation, and industrial purposes: a case study of Thirumanimuttar river basin, Tamilnadu, India. *Environ. Monitor. Asses,* 184(1): (2012), pp 405-20.

Vazeer Mahommod, "Some Studies on Assessment and Development of Groundwater Resources for the city of Visakhapatnam, State of Andhra Pradesh, India, using Remote Sensing and GIS approach", *tese de doutoramento,* Andhra University. (2003).

OMS, "WHO International Standards for drinking water", Water: Science and Society, *Curr: Sci.,* 89(5), (2005), pp787-793.

WHO, Glass report , "Un-Water Global analysis of Assessment of sanitation and drinking water - WASH- Water sanitation and hygiene?", (2012) Retrieved from http://www.unwater.org/downloads/UN-Water_GLAAS_2012_Report.pdf [Acedido em 05 de março de 2017]

Wilcox, L. V., *Classification and use of irrigation waters* (p. 19). Departamento de Agricultura dos EUA, Circular, n° 969, (1955).

Organização Mundial de Saúde (OMS), *Guideline of drinking quality* Washington, DC, USA: Organização Mundial de Saúde, (1984), pp. 333-335.

Zafar, A. e Sultana, N., "Seasonal methods for Examination of water and waste water", *J.Curr.Sci.12(1y.* (2008), pp 217-210.